本书受山西省高等学校科技创新项目（2022L596），山西省高等学校教学改革创新项目（J20241507），山西工程技术学院优秀学术专著出版计划项目资助。

非对称泵恒压蓄能势能回收系统参数匹配及控制研究

宁志强◎著

吉林大学出版社

·长春·

图书在版编目（CIP）数据

非对称泵恒压蓄能势能回收系统参数匹配及控制研究 / 宁志强著. -- 长春：吉林大学出版社，2024.12.
ISBN 978-7-5768-3316-4

Ⅰ. TH137

中国国家版本馆CIP数据核字第2024WF9736号

书　　名：非对称泵恒压蓄能势能回收系统参数匹配及控制研究
FEIDUICHENBENG HENGYA XUNENG SHINENG HUISHOU XITONG CANSHU PIPEI JI KONGZHI YANJIU

作　　者：宁志强
策划编辑：李承章
责任编辑：李承章
责任校对：刘守秀
装帧设计：刘　丹
出版发行：吉林大学出版社
社　　址：长春市人民大街4059号
邮政编码：130021
发行电话：0431-89580036/58
网　　址：http://www.jlup.com.cn
电子邮箱：jldxcbs@sina.com
印　　刷：苏州市越洋印刷有限公司
开　　本：787mm×1092mm　1/16
印　　张：10
字　　数：170千字
版　　次：2025年5月　第1版
印　　次：2025年5月　第1次
书　　号：ISBN 978-7-5768-3316-4
定　　价：68.00元

版权所有　翻印必究

前　言

目前，工程机械长期存在低能效和高排放的问题。随着我国"十四五"规划、"双碳"目标的提出，节能减排成为当前工程机械领域的发展趋势，绿色、低碳、高效的工程机械产品成为热点研究方向。高频次作业的工程机械，液压系统往往存在较大的能量浪费。高效的回收和利用系统回馈能量，是工程机械节能减排的有效措施。

本书围绕绿色、低碳、平稳运行这一目标，在国家自然科学基金面上项目资助下开展工程机械节能技术研究；从节能方案设计、关键节能部件和控制方法等方面，结合智能优化算法，探索具有高储能密度且运行平稳的工程机械势能回收方案及其参数匹配方法，并对新型关键节能部件进行优化设计，实现工程机械低能量损耗下平稳运行。本书具有重要的理论意义和工程应用价值。

针对囊式蓄能器回收系统存在储能密度较低和充放油压力不稳定的问题，提出了非对称泵恒压蓄能势能回收系统；在非对称泵闭式容积驱动回路中，结合使用恒压蓄能器，使充放油过程保持油液压力恒定。恒压蓄能器在储能密度方面相比囊式蓄能器具有优势，但其关键部件——隔膜对气密性、强度和柔韧性有较高的要求，至今未能成功试制。因此，提出了一种碳纤维和丁腈橡胶结合使用的恒压蓄能器，对其关键部件的强度进行校核，并进行试制。最后，通过试验验证了非对称泵恒压蓄能势能回收系统的可行性。

针对非对称泵恒压蓄能势能回收系统参数匹配仿真耗时长、手动调参效率低的问题，提出了一种基于多核CPU的复杂液压产品快速并行优化方法。该方法提出两种加速策略，分别为CVODE求解器加速和多核CPU加速。利用智能优化算法寻求产品设计参数的优化和性能指标约束，将每个

CVODE仿真程序视作群体智能算法个体。利用粒子群算法对三角槽主要参数进行优化以降低泵输出流量脉动。将三角槽结构优化前和优化后的流量脉动率进行对比分析，结果显示，在不升高柱塞腔压力的条件下，非对称泵三角槽优化后的流量脉动相比优化前降低了36%。该方法实现了仿真过程脱离专业仿真软件平台，能够独立运行于Windows操作系统，解决了液压动态仿真对专业软件依赖的问题，且多进程比多线程编程更容易实现。在8核CPU工作站仿真条件下，与SimulationX平台仿真方法相比，该多核CPU并行方法的仿真效率提高10倍以上，与双核计算机并行运行效率相比提高近5倍。

为提高多核CPU的快速并行优化方法的寻优性能，避免种群个体单一规则不能有效平衡全局搜索性能和局部搜索性能，提出了一种新型多物态模拟优化算法。该优化算法借鉴了有限元物态模拟的思想，模拟固、液、气三种基本物态并制订了多种不同的复合物态模式，即种群个体在不同迭代阶段遵循多种运动规则。通过6个静态测试函数对比获得较合理的复合物态模式。通过CEC2013测试函数，与多精英引导的改进人工蜂群算法（MGABC）、自适应位置更新的改进人工蜂群算法（AABC）、多种策略的改进人工蜂群算法（MEABC）、自适应粒子群算法（fk-PSO）和拟态物理算法（APO）进行对比。测试表明新型算法的三态复合模式具有在全局搜索性能和局部搜索性能之间的平衡能力。最后，采用基于离散时间线性系统理论证明新型算法的收敛性。

利用上述新型多物态模拟优化算法，结合基于多核CPU的并行优化方法对不同吨位挖掘机动臂能量回收系统进行参数匹配。分析了空载挖掘机工作装置在不同位姿下的动臂油缸受力，以动臂油缸最小工作压力为匹配工况，保证工作装置在任何状态下都能够实现势能回收。基于多物态模拟优化算法的参数匹配用于合理选择系统相关参数，使得动臂势能回收系统在满足作业机构各工况正常的前提下，提高作业机构性能和节能效率。获得了不同吨位挖掘机非对称泵势能回收系统的主要参数推荐值，包括非对称泵排量、恒压蓄能器和囊式蓄能器型号、下降阶段非对称泵斜盘角度及其节能效率，并得到相应排量的非对称泵结构参数。

针对非对称泵变排量机构斜盘振荡导致流量脉动的问题,提出了采用抗干扰控制方法来提高变排量控制性能。通过仿真与多种常见的抗干扰控制方法进行对比,将滑模控制方法用于非对称泵变排量控制试验。然后采用基于粒子群算法的并行优化方法对主要控制参数进行整定。仿真结果和变排量试验结果表明,滑模控制方法能有效降低斜盘角度的振荡和流量脉动。

　　本书的出版感谢曾提供帮助的山西工程技术学院教师卫立新。

　　由于笔者水平有限,书中内容不可避免会存在疏漏,欢迎广大读者批评指正并提出宝贵意见。

宁志强
2024 年 10 月

目 录

第1章 绪 论 ·· 1
  1.1 本书研究背景和意义 ·· 1
  1.2 工程机械动势能回收再利用技术研究现状 ······················· 2
      1.2.1 工程机械动势能回收方法 ··································· 2
      1.2.2 液压储能技术 ··· 9
      1.2.3 动势能回收系统参数匹配方法 ························· 11
  1.3 系列化液压产品计算机辅助设计方法研究现状 ·············· 13
      1.3.1 液压系统仿真软件的研究现状 ························· 13
      1.3.2 结合优化方法的液压系统仿真技术研究现状 ··· 14
  1.4 现有技术存在的问题及解决思路 ··································· 17
  1.5 主要研究内容安排 ·· 19

第2章 非对称泵恒压蓄能势能回收系统设计及试验研究 ··········· 21
  2.1 非对称泵势能回收工作原理 ··· 21
  2.2 恒压蓄能器的结构设计 ·· 25
      2.2.1 恒压蓄能器的原理和结构 ································· 25
      2.2.2 恒压蓄能器数学模型 ·· 28
      2.2.3 半圆法求解活塞轮廓曲线 ································· 32
  2.3 非对称泵恒压蓄能势能回收系统设计 ··························· 34
      2.3.1 非对称泵恒压蓄能势能回收系统模型 ·············· 35
      2.3.2 仿真结果分析 ··· 36
  2.4 恒压蓄能器的试制及强度校核 ····································· 43

  2.5 非对称泵恒压蓄能势能回收系统实验 ……………………… 48
    2.5.1 势能回收实验台 …………………………………… 48
    2.5.2 实验结果分析 ……………………………………… 52
  2.6 本章小结 …………………………………………………… 54

第 3 章 基于多核 CPU 的复杂液压产品快速并行优化方法 ………… 55
  3.1 基于多核 CPU 的复杂液压产品快速并行优化方法框架 …… 55
  3.2 基于多核 CPU 的非对称泵配流盘优化设计 ……………… 57
    3.2.1 非对称泵配流盘结构 ……………………………… 57
    3.2.2 试验验证三角槽模型和 CVODE 求解器的正确性 …… 60
    3.2.3 配流盘并行优化的实现过程 ……………………… 64
  3.3 新型多物态模拟优化算法 ………………………………… 72
    3.3.1 有限元方法与基于种群的优化算法的映射关系 …… 72
    3.3.2 基于力和质量的启发式算法简介 ………………… 78
    3.3.3 多物态模拟优化算法框架 ………………………… 80
    3.3.4 数值实验与性能分析 ……………………………… 85
    3.3.5 收敛性分析 ………………………………………… 98
  3.4 本章小结 ………………………………………………… 100

第 4 章 基于多物态模拟优化算法的势能回收系统参数匹配 ………… 102
  4.1 非对称泵势能回收系统参数匹配的工况 ………………… 102
  4.2 非对称泵势能回收系统设计变量 ………………………… 105
  4.3 基于多核并行优化方法的势能回收系统参数匹配 ……… 111
    4.3.1 基于多物态模拟优化算法的参数优化 …………… 111
    4.3.2 系列化挖掘机非对称泵势能回收系统参数推荐值 …… 115
  4.4 本章小结 ………………………………………………… 118

第 5 章 非对称泵变排量抗扰控制及试验研究 ……………………… 119
  5.1 变排量非对称泵的控制原理 ……………………………… 119

5.2 非对称泵的抗扰控制 …………………………………… 122
　　　　5.2.1 常用的抗干扰控制方法 …………………………… 122
　　　　5.2.2 基于 SimulationX 和 Simulink 的抗扰控制仿真 …… 124
　　5.3 基于粒子群算法的滑模控制参数并行整定方法 ………… 129
　　　　5.3.1 基于粒子群算法的并行整定程序 ………………… 129
　　　　5.3.2 整定结果分析 ……………………………………… 129
　　5.4 基于滑模控制方法的非对称泵变排量试验 ……………… 132
　　5.5 本章小结 …………………………………………………… 134

第 6 章　结论与展望 ……………………………………………… 135
　　6.1 主要研究结论 ……………………………………………… 135
　　6.2 创新点 ……………………………………………………… 136
　　6.3 展望 ………………………………………………………… 137

参考文献 …………………………………………………………… 138

第1章 绪 论

1.1 本书研究背景和意义

本书在国家自然科学基金面上项目(恒压蓄能调控作业机构驱动与动势能回收一体化回路理论及方法,项目编号:51875381)的支持下开展研究。工程机械是工业体系中一个重要的组成部分,广泛应用于基础建设、能源、农林、港口建设等领域。中国工程机械行业在世界工程机械产业格局中占据重要地位。根据中国工程机械工业协会(CCMA)统计,2021年底工程机械主要产品保有量830～899万台。据海关总署数据整理,2022年1—11月我国工程机械进出口贸易额为428.42亿美元,同比增长25.9%[1]。

数字化、国际化、绿色发展正成为工程机械行业的重要趋势,推动中国从制造大国向制造强国迈进[2]。绿色发展是工程机械的最重要的发展趋势之一。《工程机械行业"十四五"发展规划》指出,全面推进工程机械的绿色发展包括绿色制造、绿色施工。2022年12月1日起,新生产和销售的非道路移动机械的排放须满足"国四"排放标准,部分省市划定高排放工程机械禁用区。与"国三"标准对比,"国四"标准要求对37 kW以上非道路移动机械柴油机的污染物排放限值更加严格,并增加了NH_3和PN的排放限值要求。

目前,降低能量损耗是工程机械领域热点研究方向。工程机械内燃机能效低下、液压系统元件的节流损失、动势能的耗散是限制工程机械节能减排的三个重要因素[3]。动势能常耗散转化为节流阀口的热能,引起油液发热和元件的损耗。据统计,回转动作时间在挖掘机工作中占比为50%～70%,能耗占比为 25%～40%，油液系统的高温发热有 30%～40% 来自回转节流[4]。20 t 挖掘机动臂的可回收能量占总回收能量的比例为 51%[5]。因此，研究动势能回收方法，探索和开发具有高储能密度优势的蓄能技术，具有十分重要的社会价值和意义。

1.2　工程机械动势能回收再利用技术研究现状

1.2.1　工程机械动势能回收方法

工程机械的执行机构普遍存在向液压系统回馈能量的问题，对回馈的动势能进行回收是工程机械节能减排的有效措施。工程机械动能回收原理主要是对直线或回转机构制动时产生的能量进行存储及再利用。勒图尔勒公司的 L-1150 混合动力装载机，通过开关磁阻电机可有效回收再生制动能，徐工 ZL50GS 混合动力装载机，最高可以达到 75% 制动能回收率[6]。典型制动能回收的混合动力装载机如图 1.1 所示。

(a)勒图尔勒 L-1150 混合动力装载机　　　(b)徐工 ZL50GS 混合动力装载机

图 1.1　典型制动能回收的混合动力装载机[6]

2012 年，三一重工推出了 SY5419THB56E 型混凝土泵车，采用全局功率自适应技术可以节省燃油 20%，并可以对缓冲制动能量进行回收，能量回收率最高可达 60%[6]。三一重工 SY5419THB56E 型混凝土泵车如图 1.2 所示。

图 1.2　SY5419THB56E 型混凝土泵车[6]

He X 等[7]根据装载机典型的作业工况,提出了一种并联液压混合动力装载机制动能量回收方法。该回收方法利用液压能回收装置对装载机制动时的能量进行回收,并在要求高功率输出时辅助内燃机进行动力输出,液压能回收装置释放能量的同时降低系统的总体能耗。

小松公司提出了一种 KHER 二次调节系统的挖掘机回转机构制动能回收方案。该方案的原理如图 1.3 所示[8]。挖掘机制动时,回转装置的动能通过囊式蓄能器进行回收,下一次回转装置启动时蓄能器可利用储存的液压能,采用该节能方案的小松挖掘机使回转功率消耗得到了一定程度的降低。

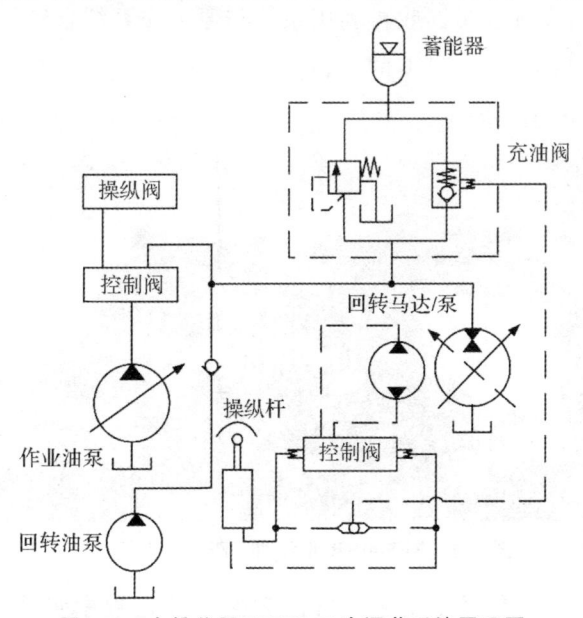

图 1.3　小松公司 KHER 二次调节系统原理图

高有山等提出了四配流窗口轴向柱塞马达制动能回收方法[9]。由于四配流窗口马达的两对进出油口相互独立,马达的内外圈工作腔(主控腔和辅控腔)可根据工作情况的不同分别处于马达和泵工况。当马达需要制动时,与蓄能器配合,可实现制动能回收的目的。四配流窗口轴向柱塞马达样机和制动能回收原理如图1.4所示[9]。

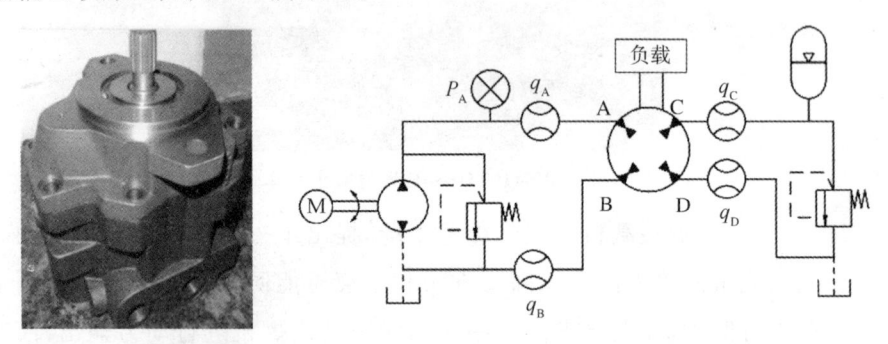

(a)四配流窗口轴向柱塞马达样机　　　　(b)制动能回收原理图

图1.4　四配流窗口轴向柱塞马达及其制动能回收原理图

势能回收原理是通过电气或液压储能元件存储作业机构自重或者负重产生的重力势能,可在下一次作业时进行释放,并减少发动机或电动机做功。2020年徐工推出了XE500HB大型混合动力液压挖掘机,采用自适应动臂势能回收利用技术,实现能量回收再利用系统与原工作系统自动切换。与相同规格的挖掘机产品相比,该机型的油耗降低了15%以上。XE500HB混合动力液压挖掘机如图1.5所示。

图1.5　XE500HB混合动力液压挖掘机

Andersen等为避免叉车举升装置高频次作业过程中势能转化成热能,提出了一种电动叉车的势能能量回收系统[10]。叉车门架系统下降时,液压缸中的油液压力驱动液压马达旋转,从而带动发电机发电并对电池进行充电,将重力势能转化为电能[10]。门架系统再次起升时,电池中存储的能量被用于门架系统的升降作业。试验结果表明,该门架系统势能回收方法的能量回收率可以达到40%。

日本神户制钢所提出了一种串联式混合动力液压挖掘机的动臂驱动系统方案。串联式混合动力液压挖掘机动势能回收方案如图1.6所示。该方案使用柴油发动机作为动力源,驱动发电机并将产生的电能存储在电池和电容中。当对回转制动能量回收时,采用电动机回收[11]。当对动臂势能回收时,采用泵-马达的方案回收能量。动臂在重力势能作用下,液压缸的无杆腔油液驱动马达旋转,并与电动机一起驱动液压泵。超过泵功率需求的机械能可以转化为电能存储在电池中。该方案能够有效降低挖掘机能耗,但需要电动机频繁正反转驱动,导致能量的额外损耗。

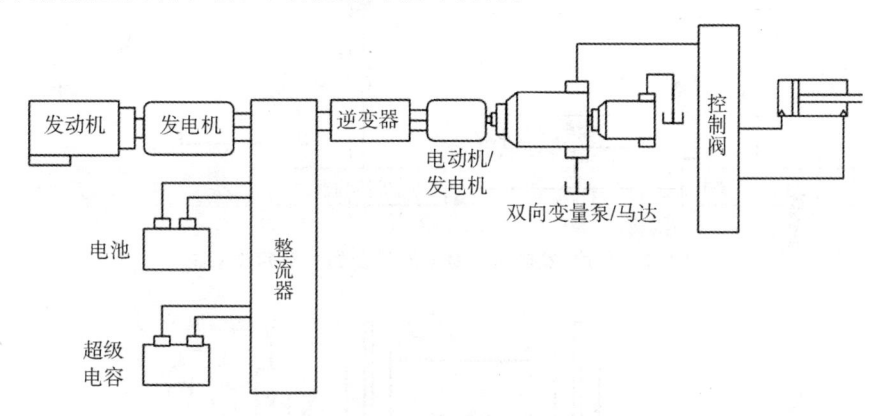

图1.6 串联式混合动力液压挖掘机动势能回收方案

林添良等提出一种马达、发电机和蓄能器配合的势能回收系统[12]。该系统的主要特点是融合了液压蓄能器和电能转换两种不同的能量回收方法。其主要回收方案原理如图1.7所示[12-13]。该文献进一步提出了工作模式判断和发电机工作点修正的控制策略,有效降低了发电机的频繁启动,减少了发电机和液压马达的功率等级,试验结果表明回收效率可达41%。

卡特彼勒公司提出了高压蓄能器、变量马达结合过渡油缸的50 t挖掘机动臂势能回收系统。图1.8为卡特彼勒50 t挖掘机动臂势能回收系统原理图。无杆腔的油液驱动变量马达,利用过渡油缸对蓄能器进行充能,可高效地存储动臂重力势能。蓄能器中的液压能释放后利用变量泵驱动动臂油缸的起升,变量泵 2 起到补油效果。该方案降低了 37% 的平均油耗[14-18]。

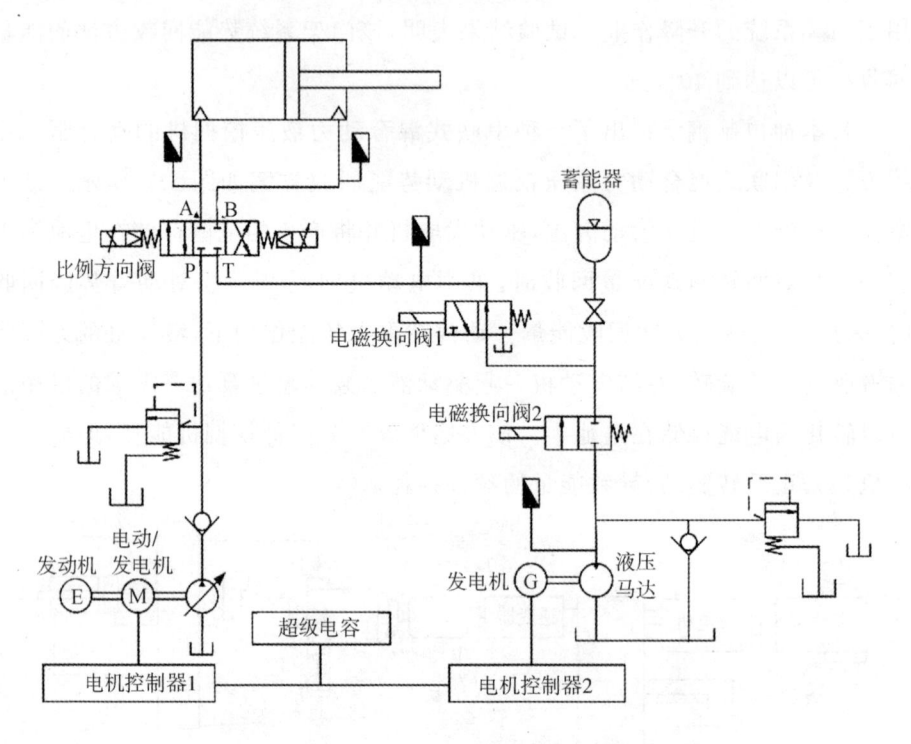

图 1.7　马达、发电机和蓄能器配合的势能回收系统

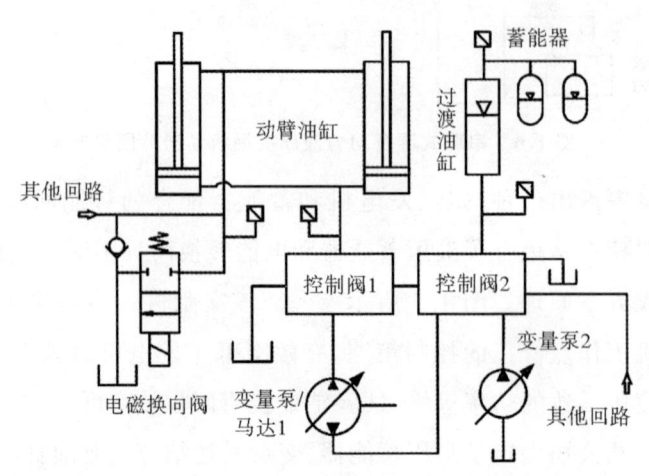

图 1.8　卡特彼勒 50 t 挖掘机动臂势能回收系统

葛磊等设计了一种泵控动臂驱动系统[19]。该方案的主要特点是三配流

窗口非对称液压泵的两个油口分别与挖掘机动臂差动缸的无杆腔和有杆腔直接相连。非对称泵的另一个油口与液压蓄能器相连，并通过单向阀与油箱连接，势能可转化为蓄能器的液压能和电能，电机能耗可下降76.1%[19-21]。泵控动臂驱动系统原理如图1.9所示。

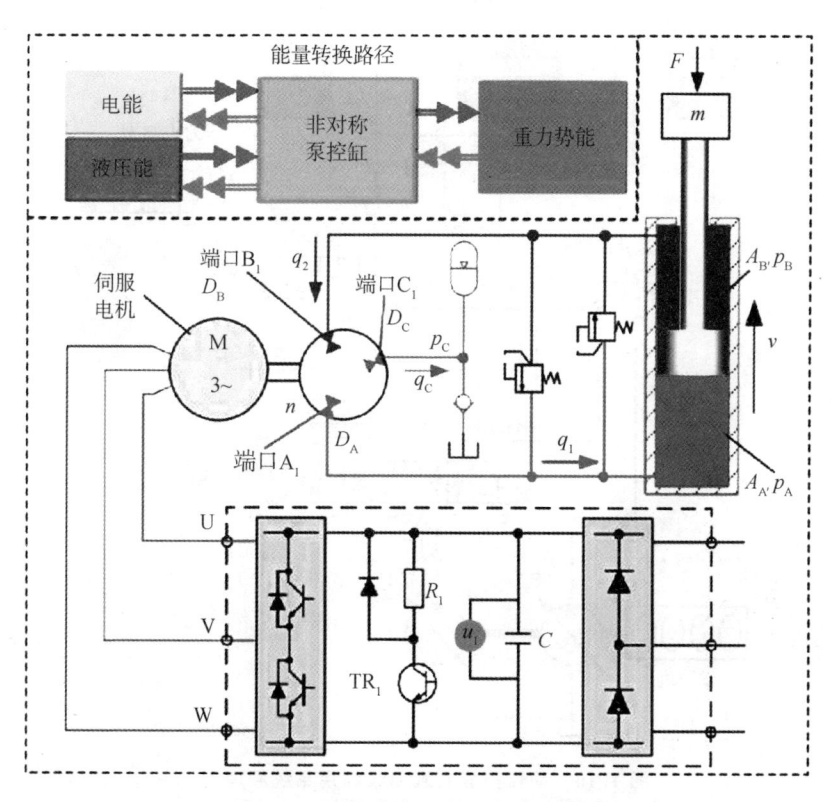

图1.9 泵控动臂驱动系统原理图[19]

胡鹏等提出了一种动臂势能交互回收利用系统[22]。动臂势能交互回收利用系统原理如图1.10所示。该势能回收系统利用能量回收缸与蓄能器结合的方法对下降阶段的重力势能进行回收。在动臂上升阶段时，蓄能器中的液压能可驱动能量利用缸。蓄能器的运用实现了对工作装置自身重量的平衡，仅需单泵供油。该系统采用两个变量泵同轴的驱动方案，并可实现负流量控制和恒功率控制。与常规挖掘机相比，该能量回收系统主泵输出的峰值压力降低了57.8%，系统节能效率为51.5%，同时整机具有较好的操控性。

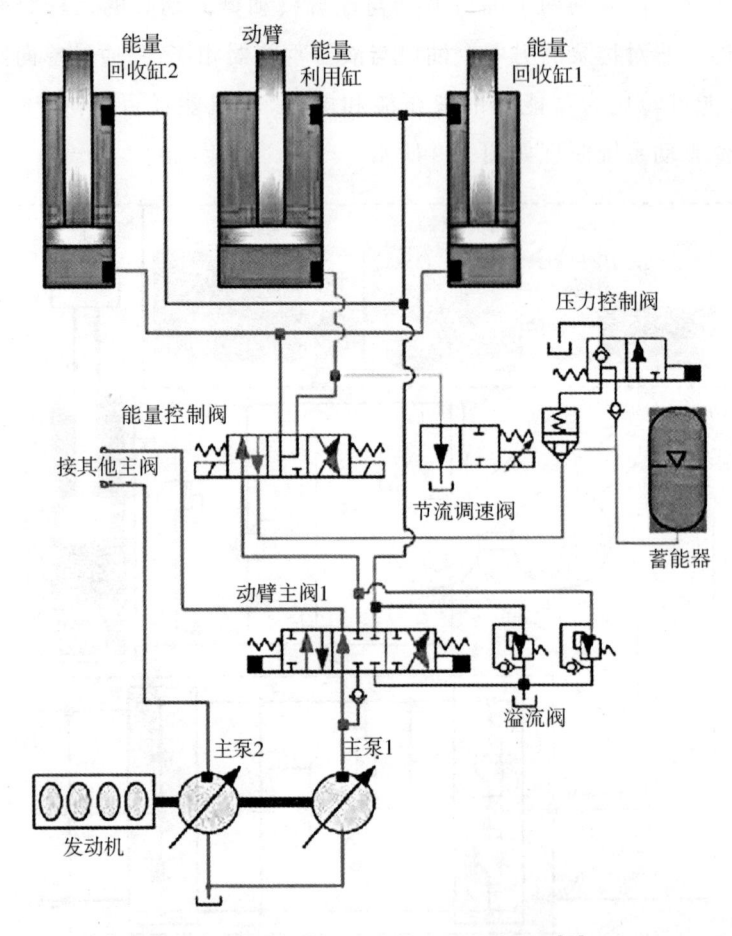

图 1.10 动臂势能交互回收利用系统原理[22]

任好玲等提出了一种液压蓄能器和平衡油缸结合的方法来实现势能回收和利用[23]。试验表明,该能量再生方案可以有效减少电机能耗,计算挖掘机工作装置起升和下降一次的能耗,其节省的能量达到29%[23]。陈欠根等提出了一种基于液压缸-蓄能器平衡的势能回收系统,用来改善液压挖掘机系统的节能效果[24]。他们以某中型液压挖掘机为研究对象,建立了系统的AMEsim-Adams联合仿真模型。仿真分析表明,所建立的系统可有效回收再利用液压挖掘机的动臂势能,节能率达到18.5%[24]。王滔提出了变排量液压马达驱动发电机的能量回收方案,分别研究了发电机的直接转速控制、负载压力控制、主控阀压差控制方法[25-26]。试验结果表明,与常规挖掘机控制方法相比,主控阀压差控制方法在能耗和操作平稳性等方面具有明显优势。吉林大学和美国普渡大学均采用液压蓄能器储能[27-29],韩国蔚山大学的研究工作采用超级电容储能[30],此类方案的特点是要求变排量泵/马达能够实现在四象限内工作。此外,还需要配合使用扭矩耦合的液压储能单元,以及蓄能器达到平衡外部势能的目的。试验结果表明,此类方案可以实现能量回收并使系统能耗有效降低。

分析和总结当前国内外动势能回收方法研究现状,根据动势能回收和存储方式的区别,可以划分为两种类型。方案一是将动势能转化为液压能存储在液压蓄能器中,并通过驱动液压元件再次释放能量。方案二是将动势能转化为电能存储在蓄电池或超级电容中,通过电动机再次利用。对于存储在电能储能元件的能量回收方案,回收过程需要增设液压马达,能量释放过程则需要逆变器、电动机和液压泵等元件。该方案的能量转换过程较为复杂,涉及增设多种辅助设备,因此储能效率不高[31]。与电能存储方法相比,液压储能方法能量转化过程相对较少,且蓄能器能够有效地抑制液压系统脉动和冲击。液压蓄能元件在工程机械动势能回收领域具有广泛的应用前景。

1.2.2 液压储能技术

液压储能技术主要根据力平衡和能量守恒原理并借助储能介质,经过能量转换存储液压能。储能介质包括压缩弹簧、重物、压缩气体等。目前应用较广泛的囊式液压蓄能器主要利用气囊中气体的压缩和膨胀原理来实现充能和放能,气腔内气体的变化过程近似满足理想气体状态方程。液压蓄能器存在储能密度较低的缺点,并且在充放油过程中存在"死容积"现象。近年来,为解决上述问题,国内外研究人员进行了相关研究。

Pourmovahed 等提出了在蓄能器气囊内添加固态泡沫或金属来减少气体热损失的方案,取得了一定效果[32]。Li 等设计了开式蓄能器,该方案中压缩气体和外界连通,在一定程度上稳定了气体压力,因此其储能密度得到了较大提升[33]。Cole 等提出了一种新型恒压蓄能器,隔膜与一个变截面活塞形成卷绕[34]。仿真结果表明,该方案可以使油腔压力保持稳定,其储能密度优于传统囊式蓄能器,但由于隔膜材料要求较高,样机试制存在一定困难。

权凌霄提出了一种参数可变蓄能器方案。该方案可以对充气压力、充气容积、磁流变液阻尼系数、进油口阻尼系数在线调整,实现了蓄能器参数自适应调整的目的,试验结果表明该方案的有效性,一定程度上改善了囊式蓄能器的性能[35]。参数可变蓄能器工作原理如图 1.11 所示。

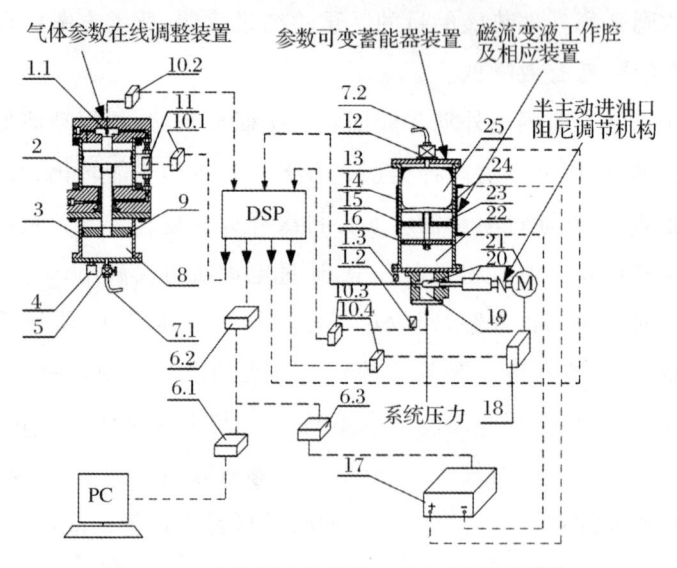

图 1.11 参数可变蓄能器工作原理示意图[35]

Latas 等人提出了一种融合飞轮式储能方法和液压蓄能器的复合回收方案[36]。飞轮蓄能器的优点是根据实际工况将待回收的能量存储为不同形式。仿真结果表明,飞轮蓄能器的储能效果有明显的提升[36]。图 1.12 为应用飞轮式液压蓄能器的制动能回收方法。

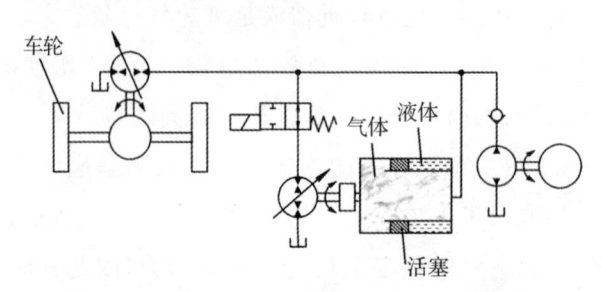

图 1.12 应用飞轮液压蓄能器的制动能回收方法

鲍东杰等提出了四配流窗口轴向柱塞泵和液压飞轮蓄能器相结合的能量回收方案,利用 AMESim 建立了挖掘机动臂势能回收系统模型[37]。仿真结果表明:液压飞轮蓄能器比普通蓄能器提高了89.4%的储能密度[37]。图1.13为液压飞轮蓄能器能量回收系统原理图。

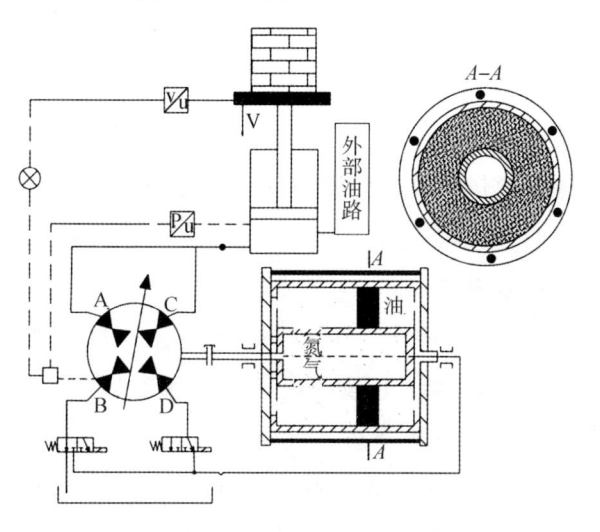

图1.13　液压飞轮蓄能器能量回收系统原理图

Liu等提出一种新型可控式液压蓄能器[38]。其基本原理为根据传感器反馈活塞的当前位移,采用模糊PID控制器,并通过阀实现对活塞位移闭环控制,可对气腔的压力进行调整,有效提升了蓄能器的储能密度[38]。

分析现有研究工作可知,传统囊式液压蓄能器具有能量存储和释放速度快、工作可靠性高的优点,但当蓄能器内外压差较小时,能量充放效果差。当前液压蓄能器技术存在的技术难题限制其推广和应用,可从以下几个方面进行改进:①降低气腔体积变化引起的热损失。②提出新型蓄能器结构。③液压蓄能技术融合新型储能方法。④开发气密性和强度较高的新型皮囊材料。

1.2.3　动势能回收系统参数匹配方法

与常规工程机械相比,动势能回收系统需要增加额外的液压或电气储能元件等,整机系统变得较为复杂。合理的参数匹配能够使动势能回收系统作业效率、节能效果和整机成本得到优化。因此,对工程机械动势能回收系统进行参数匹配是十分必要的,研究人员对参数匹配方法已进行了相关工作。

Moulik等通过优化方法对混合动力系统的蓄能器和发动机等部件进行参数匹配,从而降低整机能耗和提高工作效率[39]。他们建立了混合动力系统数学模型,并采用遗传算法和模拟退火法对能耗和效率进行多目标优化,调整和优化系统参数。参数匹配结果表明,优化后的系统能耗明显降低,工作效率得到一定提升。

Wang 等提出了一种基于仿真模型的参数匹配方法,从而提高并联液压混合动力系统的燃油经济性[40]。他们通过 AMESim 软件建立仿真模型,以混动系统的关键参数作为设计变量,采用优化算法对整机油耗进行优化。仿真和试验结果表明,节油率达到 15.2%,与理论分析基本一致,优化后的参数满足了节能和工作效率要求。

Woon 等以燃油经济性作为优化目标函数,对串联式液压混合动力系统泵/电机和蓄能器进行了参数匹配研究[41]。在参数匹配过程中,该匹配方法以部件的安装尺寸作为约束条件。优化结果表明,在标准的城市循环工况下,该系统在以 20 km/h 的初速度制动时可以回收 73% 的车辆动能,串联式液压混合动力 Cobalt 的燃油经济性为 88.5MPG,而原 Cobalt 的燃油经济性为 69.7MPG。

王波设计了基于复合蓄能器的并联式液压混合动力系统节能方案,并对系统进行了参数匹配[42]。该方案主要由大容积高压蓄能器、小容积高压蓄能器、低压蓄能器、液压泵/马达等元件组成,并采用遗传算法对复合蓄能器回收方案进行多目标优化参数匹配,以最小能耗为主要优化目标,兼顾蓄能器的成本因素。设计变量定义为复合蓄能器容积和充气压力,参数匹配兼顾了制动特性和节能效果两个方面。

林贵堃等设计了一种新型势能回收方案并进行了参数匹配[43]。该方案原理是平衡油缸和驱动油缸交互驱动,使液压油实现了循环冷却的目的。该方案的参数匹配是将动臂动作可控性、蓄能器能量密度及使用寿命作为约束条件,并对动臂油缸、蓄能器等主要参数进行优化。基于平衡油缸的势能回收方案经过参数匹配节省能耗达 25%。

林添良等提出了采用闭式系统和能量回收的挖掘机节能方案,并通过参数匹配方法优化了整机系统性能[44]。参数匹配的约束条件为降低蓄能器容积、保证动臂油缸的流量匹配以及提高蓄能器的元件寿命。为改善整机系统的节能效果,对蓄能器、泵/马达、电动/发电机等主要元件参数进行优化匹配。试验结果表明,参数匹配后的整机节能率约为55%。

刘昌盛等提出了采用多目标优化方法对蓄能器和电池结合的势能回收系统进行参数匹配[45]。在仿真模型基础上,建立目标函数对匹配效果进行评估。经过对势能回收系统元件的主要参数优化匹配,系统操作性能得到改善,能量回收效果得到进一步提升。

谭贤文等利用AMESim/Simulink联合仿真方法对混合动力挖掘机进行了参数匹配[46]。通过建立油液混合动力挖掘机的仿真模型,重点分析了辅助马达与蓄能器等元件的参数对能耗的影响。参数匹配结果表明,相对于原系统,节能效果显著,节能率达到12.5%。

分析现有研究工作可知,参数匹配是动势能回收系统设计过程中的重要环节。根据目前势能回收系统参数匹配的研究现状,常见的匹配方法主要有三种:①基于整机性能指标要求的参数匹配;②以节能效率为目标进行优化匹配;③综合考虑节能效率和作业效率,对能量回收系统进行多目标优化匹配。

1.3 系列化液压产品计算机辅助设计方法研究现状

近年来,各类液压产品市场需求越来越大,液压产品种类繁多,同一类型的产品呈现出系列化的需求特征。因此,液压产品企业对面向系列化液压产品计算机辅助设计系统的需求有所增加。融合参数化和智能化设计的专业液压产品设计程序能够帮助设计人员高效率地完成产品设计、仿真分析和优化。系列化液压产品计算机辅助设计方法的研究具有工程应用价值。

1.3.1 液压系统仿真软件的研究现状

液压系统仿真是利用计算机对液压系统的数学模型求解,为液压系统的设计、优化与控制,提供了一种高效的计算机辅助设计方法。目前,液压仿真软件已经成功应用于各类液压产品的研发和设计过程中。HYDSIM软件是美国俄克拉荷马州立大学开发的专业液压仿真软件[47]。HYDSIM尝试采用液压元件功率口模型方法来建模。随后问世的是德国亚琛工业大学的DSH和英国巴斯大学的HASP,两种软件都能够实现面向原理图的建模。随着图形操作系统的快速发展,德国亚琛工业大学设计了能够减轻设计人员工作强度的DSHplus软件包,即实现了图形输入功能。AMESim是一款优秀的建模、仿真及动力学分析的软件,由法国IMAGINE公司研发,该软件可进行多学科工程设计,包括流体动力、机械等方面,AMESim也是液压产品设计人员常用的开发工具[48]。MATLAB是一款常见的商用数学软件,Simulink模块中增加了SimHydraulics,可对液压系统建模和仿真[49]。SimulationX是德国ITI公司发行的一款多学科领域仿真工具,具有完备的液压元件库[50]。在国内,浙江大学对DSH软件进行了二次开发工作,增加了原版软件没有的分布参数的管道仿真建模功能。大连理工大学开发了SIM-Ⅱ液压系统动态仿真软件包,实现了键合图建模。

1.3.2 结合优化方法的液压系统仿真技术研究现状

随着液压系统模型呈现出复杂化和多学科交叉的特征,液压系统动态仿真耗时呈现增长趋势。设计人员为了使液压系统模型性能指标达到合理范围,需要通过反复手动调整设计参数,增加了设计负担。此外,人工调整参数的方法极大地受个人经验制约,而且得到的结果可能不是最优的。因此,为了寻求最优解,可以借助优化方法,并使之与液压仿真模块相结合。

1.优化方法简介

目前,优化方法得到了快速发展,已经广泛应用于工程设计中[51]。常见的优化方法可大致分为解析法和数值计算法。优化方法与液压仿真软件结合是一种发展趋势,可极大简化设计人员的重复设计过程。对于液压系统的仿真优化,目标函数值常具有非线性、多峰值的特征,这是因为液压系统设计和控制问题存在强耦合、非线性的特点,因此,选取高效的智能优化算法,更容易得到液压领域问题的全局最优解。

群智能(swarm intelligence)是一种重要的演化计算技术,已被广泛应用于优化问题求解领域[52]。群智能理论源于对具有自组织行为智能群体的研究。群智能优化算法利用种群内部个体之间的协作与竞争机制来求解问题的最小值。相比传统优化方法,群智能优化算法对复杂优化问题具有较强的搜索性能,可实现对种群个体的并行求解[53]。

群智能优化算法源于对物理规则和生物群体行为的模拟,适合解决不连续、非线性多变量的复杂数学问题[54]。常见的群智能优化算法包括遗传算法(genetic algorithm,GA)[55-56]、粒子群算法(particle swarm optimization,PSO)[57-60]、蚁群算法(ant colony optimization,ACO)[61-62]、万有引力算法(gravity search algorithm,GSA)[63-65]、类电磁机制算法(electromagnetism-like mechanism,EM)[66-67]、中心引力算法(central force optimization,CFO)[68-70]、人工蜂群算法(artificial bee colony Algorithm,ABC)[71-73]等。遗传算法(GA)是通过模拟达尔文生物进化论的自然选择和遗传学机理来搜索最优解的方法。粒子群算法(PSO)是通过对动物社会行为的观察,根据群体中对信息的共享机制提出的搜索最优解的算法[74]。蚁群算法(ACO)是通过模拟蚂蚁寻找食物过程来解决优化问题的算法。部分智能优化算法受到自然界中力、质量和加速度物理规则的启发,如万有引力算法(GSA)、中心引力算法(CFO)和拟态物理算法(APO)等。万有引力算法(GSA)受到牛顿第二定律启发而提出,具有简明的原理特征。中心引力优化算法(CFO)是基于天体动力学的多维搜索优化算法。拟态物理算法(APO)将群体个体视为在虚拟力驱动下在问题空间中寻找最优解[75]。物质状态搜索算法(states of matter search,SMS)中的群体个体的物质状态源于模拟分子热运动学中的相关物理机制[76]。

以上提到的群智能优化算法都有各自的优点和适用的问题领域。一些群智能优化算法很容易陷入多峰值或"欺骗"函数的局部最优解。因此,对于群智能优化算法仍有很多问题有待进一步深入研究。许多群智能优化算法不能有效平衡全局搜索能力和局部搜索能力。粒子群算法(PSO)的性能常受到参数选择的影响[77]。万有引力算法(GSA)不能有效地逃离局部最优解。拟态物理算法(APO)遵循单一的运动规则时不能有效平衡全局搜索能力和局部搜索能力。因此,遵循多种运动规则的拟态物理算法(APO)已被提出。类电磁机制算法(EM)具有简单便捷的特征,但也存在较弱的局部搜索性能和搜索精度。人工蜂群算法(ABC)也存在不能有效平衡全局搜索能力和局部搜索能力的问题,近年来提出包括多精英引导的改进人工蜂群算法(MGABC)[78],自适应位置更新的改进人工蜂群算法[79](AABC),多种策略的改进人工蜂群算法[80](MEABC)等改进算法。

2.优化方法在液压仿真领域的应用研究现状

在国际上,有许多成熟的液压仿真软件融合了优化方法。AMESim软件将优化方法和仿真过程集成在一起,内置的Design Exploration模块提供了两种优化算法:二次规划算法(NLPQL)和遗传算法[81-82]。MATLAB是一款常见的商用数学软件,Simulink模块中增加了SimHydraulics,可对液压系统建模和仿真,同时可利用MATLAB的优化工具箱Optimization Toolbox[83]。SimulationX没有内置的优化模块,仿真优化则需借助i-Sight、modeFRO-NTIER和OptiY等外部优化接口[84]。德国亚琛工业大学早期开发的DSH具有面向原理图建模的功能,但不具备优化模块[85]。在国内,浙江大学对DSH软件进行了二次开发,扩充了一些液压仿真模块和优化模块[86-87]。

Yoo等采用遗传算法对混合动力挖掘机节能系统进行了参数匹配,有效降低了系统能耗[88];Antti等将优化算法应用于对混合动力挖掘机的系统和部件的方案选型过程[89];Casoli等利用动态规划算法(DP算法)对混合动力挖掘机的系统布置方案进行了优化,优化结果表明,油耗降低了2%～14%[90]。

王庆丰等利用遗传算法对挖掘机的关键部件的选型进行优化,实现了对发动机、电动/发电机和超级电容等元件参数较合理的匹配效果,兼顾了节能效率、可操作性以及整机成本等因素[91];张建宇等针对高速电磁阀的延迟响应导致柴油机排放超标及油耗增加等问题,提出了电磁阀结构多目标优化与分析,优化结果表明缩短了6%的延迟响应时间[92]。叶绍干等对柱塞泵的配流盘密封环结构进行了研究,利用遗传算法建立了综合考虑了泄漏量、缸体倾覆角、黏性摩擦力矩因素的多目标优化模型,优化后的结构提高了配流副的润滑特性[93]。耿付帅等对斜盘轴向柱塞泵配流盘结构进行了研究,借助MATLAB软件建立了泵的配流数学模型,利用人工蜂群算法对配流盘结构进行优化,优化后柱塞泵的冲击和噪声得到改善[94]。吴珊等采用遗传算法对海水液压溢流阀进行参数优化[95]。王志红等利用遗传算法对变幅液压系统的参数进行了优化[96]。梅元元等利用Sim Hydraulics对液压阀进行参数化设计和优化[97]。董文勇对高压大流量插装式先导型溢流阀进行了优化设计[98]。

分析和总结以上文献，当前液压仿真软件进行优化设计和人机交互方面存在的问题有以下几个方面：①当前液压产品进行参数优化时，需提前安装专业仿真软件，无法脱离仿真平台独立运行在 Windows 操作系统。人机交互界面不友好，设计人员对设计参数需反复调整。②在仿真软件平台进行参数优化时，主要是以串行迭代进行优化，专业仿真平台对内存和 CPU 需求很高，一台计算机同时进行两个仿真平台非常缓慢，因此基于仿真平台软件的并行仿真优化不易实现，且高性能工作站携带不便。③优化算法与液压静态容易结合，但与动态仿真的融合不易实现，液压系统动态仿真具有非线性和多学科耦合的特点，优化算法容易陷入局部最优解。群智能优化算法更容易得到液压领域问题的全局最优解。

1.4　现有技术存在的问题及解决思路

综上所述，目前工程机械作业机构动势能回收方式，一种是在驱动系统中另外增设回收装置，而且动能和势能的回收是分别进行的，造成系统复杂化，且回收能量经过多次转化后降低了利用效率；另外一种是采用液压变压器、复合液压油缸、三配流窗口非对称泵、四配流窗口马达和蓄能器配合进行驱动和能量回收，当蓄能器内外压差较小时，能量充放效果差，影响作业性能，储能密度低。工程机械的举升机构的势能回收及再利用是节能降耗的热点研究方向。非对称泵势能回收方法尤其对高频次作业举升机构的势能回收具有较好的应用前景。非对称泵势能回收方法具有能够减少回收转换过程、消除节流损失的优点。该方案中采用的囊式蓄能器存在储能密度低、充放油过程油液压力不稳定的技术难题。非对称泵作为一种新型液压元件，目前仅对 45 排量开展样机试制，并未形成系列化产品，不同吨位挖掘机动臂势能回收系统存在参数匹配问题，产品设计人员工作量较大，有待将智能优化算法与非对称泵势能回收系统、部件优化设计融合以提高产品的智能化设计水平。此外，在非对称泵样机试验阶段，非对称泵的压力冲击和流量脉动较大,因此配流盘结构也有待改进。非对称泵还存在斜盘振荡大引起流量波动的问题,影响了系统运行的平稳性。

图 1.14 所示为总结的工程机械能量回收存在的问题及解决方案。

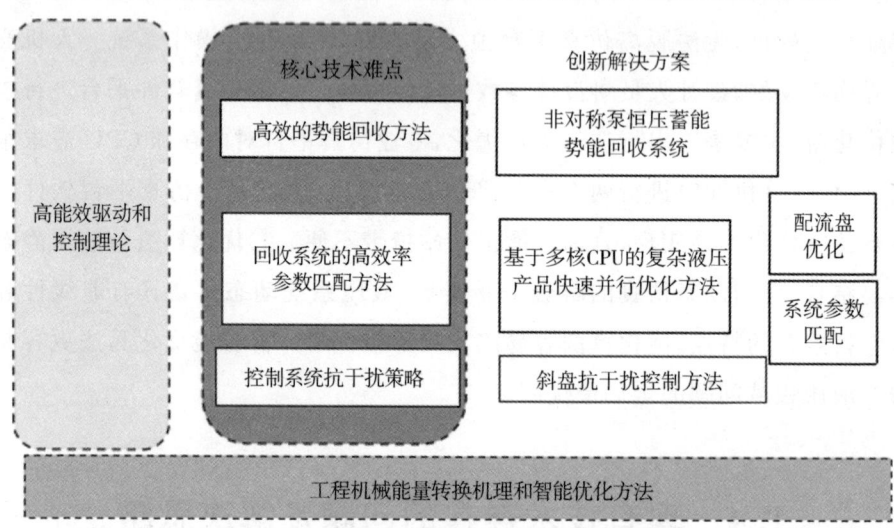

图 1.14 工程机械能量回收存在的问题及解决方案

分析目前研究现状可知,要实现工程机械绿色、低碳、平稳运行,需要解决高频次举升机构的高效势能回收技术、能量回收系统高效率参数匹配方法、控制系统抗干扰策略等问题。为此,本书围绕"工程机械高能效的驱动和控制理论"这一总目标,并结合智能优化方法开展研究,针对存在的问题,提出以下创新解决思路。①采用可平衡差动缸面积比的三配流窗口非对称泵驱动液压差动缸,减少液压系统的节流损失,并在负载下降过程中将回收的能量存储在恒压蓄能器中,在下一作业循环中恒压蓄能器存储的能量辅助非对称泵驱动负载起升;恒压蓄能器的关键部件隔膜对气密性、强度和柔韧性有较高的要求,至今未能成功试制。因此,提出了一种碳纤维和丁腈橡胶结合的恒压蓄能器,并进行试制。②提出一种基于多核 CPU 的复杂液压产品快速并行优化方法,并用于非对称泵势能回收系统参数匹配和部件结构优化,进一步提出高效率的新型智能优化算法——多物态模拟优化算法。③提出将变量阻力矩视作干扰信号,采用抗干扰控制方法以提高变排量控制性能,对滑模控制算法进行参数整定。

1.5 主要研究内容安排

第1章：绪论。本章首先介绍了本书的研究背景及意义；其次分析了目前动势能回收方法、液压储能技术、系列化液压产品计算机辅助设计方法等方面的国内外研究现状；最后分析了研究中存在的技术问题，并提出了相应的解决思路和主要研究内容。

第2章：非对称泵恒压蓄能势能回收系统设计及试验研究。本章首先提出了非对称泵恒压蓄能势能回收方案，在非对称泵闭式容积驱动回路中，结合恒压蓄能器，实现了大容量势能的快速高效转换和再利用，恒压蓄能器充放油过程油液压力保持恒定；然后提出恒压蓄能器试制方法，并对关键部件进行强度校核；最后，通过试验验证方案的可行性。

第3章：基于多核CPU的复杂液压产品快速并行优化方法。为解决势能回收系统参数匹配仿真耗时长、手动调参效率低的问题，本章提出一种基于多核CPU的复杂液压产品快速并行优化方法。以非对称泵三角槽优化设计为研究对象，本章设计实现多核并行优化的具体过程，进一步提出一种新的群体智能优化算法，即多物态模拟优化算法，借鉴有限元方法模拟物态的思想来平衡全局搜索性能和局部搜索性能。

第4章：基于多物态模拟优化算法的势能回收系统参数匹配。在前面研究工作的基础上，本章针对不同吨位挖掘机动臂能量回收系统所需非对称泵排量及相关部件参数不同，将基于多核CPU的复杂液压产品快速并行优化设计方法，结合多物态模拟优化算法，对势能回收系统从多目标优化角度，兼顾节能效率和整机成本，同时保证挖掘机工作装置合理的作业效率，使不同吨位挖掘机的非对称泵势能回收系统整体参数得到优化。获得不同吨位挖掘机非对称泵势能回收系统的主要参数推荐值，包括非对称泵排量、恒压蓄能器和囊式蓄能器型号、下降阶段非对称泵斜盘角度及其节能效率，并得到相应排量的非对称泵结构参数。

第5章：非对称泵变排量抗扰控制及试验研究。本章首先针对非对称泵存在斜盘波动大的问题,提出将变量阻力矩视作干扰信号,其次采用抗干扰控制方法以提高变排量控制性能,并利用基于粒子群算法的控制参数并行协同整定方法,最后通过试验验证滑模控制方法的变排量控制性能。

第 6 章:结论与展望。本章对本书进行总结,归纳主要创新点,分析不足之处,并对未来的工作方向进行展望。

第 2 章　非对称泵恒压蓄能势能回收系统设计及试验研究

目前,工程机械能量回收常采用的方案是囊式蓄能器配合驱动系统进行能量回收。当囊式蓄能器内外压差较小时,该方案由于囊式蓄能器充放油效果差,影响工程机械作业效率,且囊式蓄能器存在储能密度较低的问题。本章提出非对称泵恒压蓄能势能回收系统,在非对称泵闭式容积驱动回路中,使用恒压蓄能器来解决充放油过程中油液压力难以保持恒定的问题。本章主要研究非对称泵恒压蓄能势能回收方案,确定恒压蓄能器的设计和试制方案,并通过试验验证方案的可行性。

2.1　非对称泵势能回收工作原理

变排量非对称轴向柱塞泵(variable-displacement asymmetric axial piston pump),简称非对称泵(VAPP),是一种具有三个配流窗口的新型动力元件。非对称泵势能回收系统可平衡液压差动缸的不对称流量,结合蓄能器使用时可进行势能直接回收利用。该系统解决了在驱动系统中另外增设回收装置的问题,能够消除节流损失,因此可以有效地对重力势能进行回收和再利用,在工程机械领域具有良好的应用前景。

非对称泵的配流盘区别于普通轴向柱塞泵的两配流窗口形式,其配流盘具有三个配流窗口,分别为配流窗口 A、B 和 T[99]。非对称泵的泵体上也具有相应的三个端口 A、B 和 T,泵体上的三个端口分别与配流窗口 A、B 和 T 相连通,简称为非对称泵 A 口、B 口和 T 口。非对称泵势能回收系统方案可以避免阀控系统的节流损失来减少势能损耗,配流窗口 A 连通差动缸的无杆腔,配流窗口 B 连通差动缸的有杆腔、配流窗口 T 连接到蓄能器油腔[100]。非对称泵的 A 口的流量等于 B 口和 T 口的流量总和。非对称泵的流量和方向的改变可通过变排量机构来实现,即调节非对称泵的斜盘角度。在非对称泵势能回收系统中,变排量机构可以使差动缸实现不同速度的双向往复运动。非对称泵配流盘和势能回收原理如图 2.1 所示[101-102]。

(a)非对称泵的配流盘　　　　(b)非对称泵势能回收原理

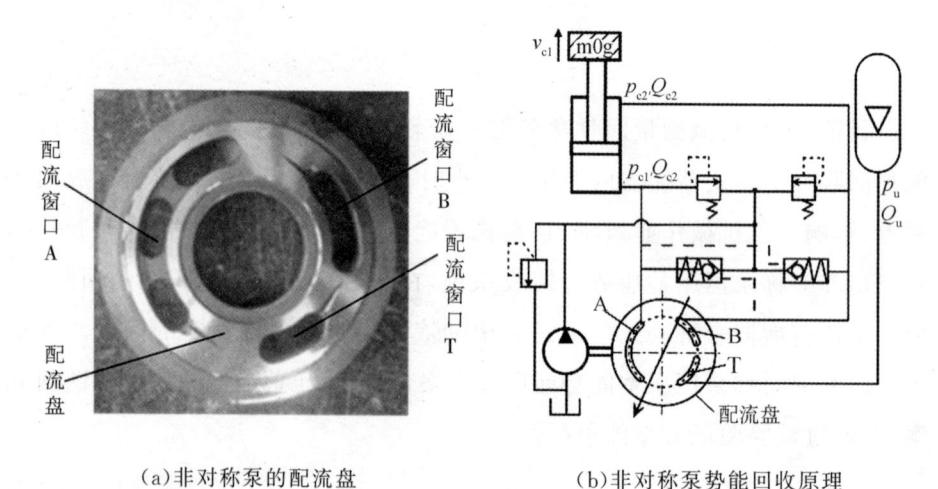

图 2.1　非对称泵的配流盘和势能回收原理

非对称泵势能一体化回收和再利用过程分为以下三个阶段。

(1)负载起升阶段。

首先,差动缸处于缩回状态,此时负载也位于差动缸行程的最低位置。电机启动并带动非对称泵,液压油经配流窗口 A 进入差动缸的无杆腔,无杆腔油液来自有杆腔和油箱(补油泵),并驱动液压缸活塞杆伸出,并带动负载上升至最大行程。该阶段非对称泵处于泵工况。

(2)负载下降阶段。

当液压缸处于最大行程处,通过非对称泵的变排量机构,可改变斜盘角度来切换油液流动方向,非对称泵配流窗口 A 为进油口,B 口和 T 口为排油口。差动缸无杆腔中的油液经非对称泵的配流窗口 A 分别进入有杆腔和蓄能器。直到差动缸活塞杆完全缩回,负载到达最低位置。此时非对称泵处于马达工况,蓄能器对负载重力势能进行回收。

(3)再次起升阶段。

当负载再次起升时,有杆腔中的油液经配流窗口 B 流入无杆腔,同时储存在蓄能器中的油液经配流窗口 T 流入无杆腔,蓄能器能量释放的同时减少了电机做功,从而达到能量再次利用的目的。

非对称泵的流量和压力如图 2.2 所示。

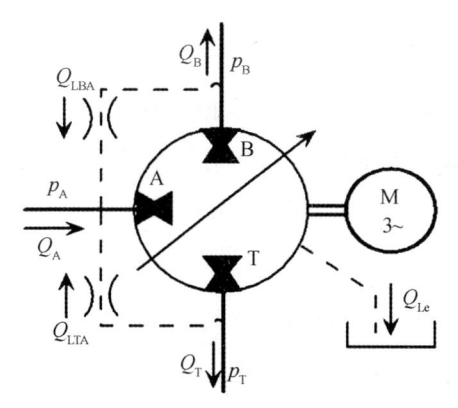

图 2.2 非对称泵的流量和压力

非对称泵的数学模型:

$$\frac{\mathrm{d}p_A}{\mathrm{d}t}=\frac{E}{V_M+V_{LA}}\left(Q_A-Q_{LBA}-Q_{LTA}-Q_{Le}-\frac{V_M}{2\pi}\frac{\mathrm{d}\varphi}{\mathrm{d}t}\right) \quad (2\text{-}1)$$

式中:φ 为角度位置;V_M 为排量;V_{LA} 为液压管路容积;E 为流体体积模量;p_A 为 A 口压力;Q_A 为 A 口流量。

非对称泵从 A 口到 B 口的内部泄漏 Q_{LBA}:

$$Q_{LBA}=k_{Li}(p_B-p_A) \quad (2\text{-}2)$$

式中:k_{Li} 为内部泄漏系数。

非对称泵从 A 口到 T 口的内部泄漏 Q_{LTA}:

$$Q_{LTA}=k_{Li}(p_T-p_A) \quad (2\text{-}3)$$

非对称泵的外部泄漏 Q_{Le}:

$$Q_{Le}=k_{Le}(p_T+p_B+p_A) \quad (2\text{-}4)$$

式中:k_{Le} 为外部泄漏系数。

$$\frac{\mathrm{d}p_B}{\mathrm{d}t}=\frac{E}{V_M+V_{LB}}\left(-Q_B+Q_{LBA}-k_{Le}p_B+\frac{V_M}{4\pi}\frac{\mathrm{d}\varphi}{\mathrm{d}t}\right) \quad (2\text{-}5)$$

$$\frac{dp_T}{dt} = \frac{E}{V_M + V_{AC}} \left(-Q_B + Q_{LTA} - k_{Le} p_T + \frac{V_M}{4\pi} \frac{d\varphi}{dt} \right) \qquad (2\text{-}6)$$

式中：V_{AC} 为液压蓄能器容积；V_{LB} 为液压管路容积；p_B 为 B 口压力；p_T 为 T 口压力；Q_B 为 B 口流量。

液压缸和蓄能器施加的净扭矩 M_{net}：

$$M_{net} = |p_B + p_T - 2p_A| \cdot \frac{V_M}{2\pi} - f_v \frac{d\varphi}{dt} - f_C \text{sign}\left(\frac{d\varphi}{dt}\right) \qquad (2\text{-}7)$$

式中：f_v 为黏性摩擦系数；f_C 为库仑摩擦系数。

当差动缸的活塞杆向外伸出时，非对称泵处于泵工况。输出流量 Q_p：

$$Q_p = n_p V_M \qquad (2\text{-}8)$$

式中：n_p 为电机转速。

驱动非对称泵的输入扭矩：

$$M_{pi} = \frac{Q_p |p_B + p_T - 2p_A|}{2\pi n_p \eta_p} \qquad (2\text{-}9)$$

式中：η_p 为总效率，$\eta_p = \eta_{pm} \eta_{pv}$，其中 η_{pm} 为机械效率；η_{pv} 为容积效率。

总效率 η_p：

$$\eta_p = \frac{V_M |p_B + p_T - 2p_A|}{2\pi \left[f_v \dfrac{d\varphi}{dt} + f_C \text{sign}\left(\dfrac{d\varphi}{dt}\right) \right] + V_M |p_B + p_T - 2p_A|} \qquad (2\text{-}10)$$

非对称泵输出功率 N_{po}：

$$N_{po} = Q_p p_{g1} \qquad (2\text{-}11)$$

式中：p_{g1} 为液压缸的进口压力。

非对称泵输入功率 N_{pi}：

$$N_{pi} = Q_p p_{g1} / \eta_p \qquad (2\text{-}12)$$

当差动缸活塞杆缩回时，非对称泵处于马达工况。

输出功率 N_{mi}：

$$N_{mi} = Q_{p1} p_{g1} \qquad (2\text{-}13)$$

输入功率 N_{mo}：

$$N_{mo} = Q_{p1} p_{g1} \eta_p \qquad (2\text{-}14)$$

输出扭矩 M_{mo}：

$$M_{mo} = \frac{Q_p p_{g1} \eta_p}{2\pi n_p} \tag{2-15}$$

可回收的能量 E_{mg}:

$$E_{mg} = \frac{\pi}{4} \int \left[p_{g1}(D_c^2 - d_c^2) - p_{g2}D_c^2 - F_f \right] v_g dt \tag{2-16}$$

式中:D_c 为液压缸的直径;d_c 为活塞杆的直径;p_{g1},p_{g2} 为进出口压力;F_f 为总阻力;v_g 为活塞杆速度。

蓄能器的功率 N_a:

$$N_a = Q_a p_a \tag{2-17}$$

式中:Q_a 为油腔流量;p_a 为油腔压力。

2.2 恒压蓄能器的结构设计

囊式蓄能器储能密度低,且随着油液进入蓄能器,油液和气体压力逐渐升高引起充油困难;蓄能器放油过程中,随着油液的释放油液和气体压力逐渐降低,不利于驱动作业机构。为解决当前液压蓄能技术存在的储能密度低和充放油压力不恒定的问题,有必要研究和设计一种新型蓄能器来满足工程应用需求。

2.2.1 恒压蓄能器的原理和结构

文献[103]提出了一种隔膜恒压蓄能器,通过改变活塞气腔侧的轴向截面轮廓,保持充放油过程油液压力恒定。基于理想气体状态方程原理,恒压蓄能器利用气体状态变化来储存和释放能量。压力恒定的原理是活塞面积随行程改变而变化,通过设计活塞的变截面轮廓来满足充放油时压力稳定的要求。该新型蓄能器要求隔膜具有较高的强度和气密性,该方案存在加工难度较大和对材料性能要求较高的问题,因此至今没有成功试制的报道。

本章提出了一种碳纤维和丁腈橡胶配合使用的恒压蓄能器设计方案,隔膜采用双层材料兼顾高强度和气密性。丁腈橡胶置于内层用来保证气密性。碳纤维置于外层用来限制轴向和径向周长,使其为一固定值,从而防止丁腈橡胶在高压下过度膨胀导致破坏。在充放油过程中,密闭的活塞腔不利于隔膜和变截面活塞的卷绕作用。在充油过程中,密闭的活塞腔中空气无法排出,会使气体压力上升导致无法进一步卷绕;在放油过程中,密闭的活塞腔中随着隔膜卷绕运动,会导致真空现象,进而影响进一步的卷绕。因此,需要在蓄能器壳体开设平衡阀口与外界连通[104]。碳纤维和丁腈橡胶结合的恒压蓄能器结构如图2.3所示。

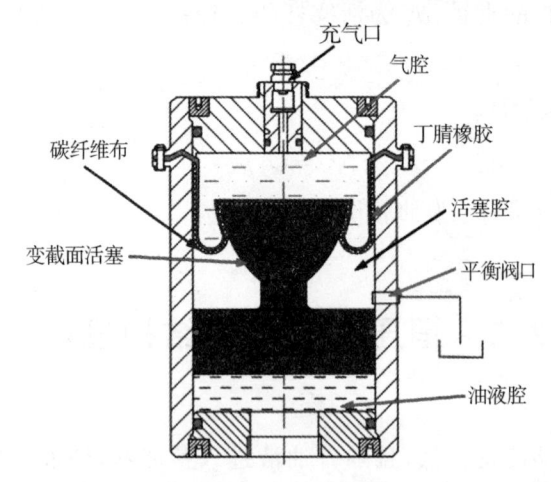

图2.3 碳纤维和丁腈橡胶结合的恒压蓄能器结构

由文献综述[105]可知,储能密度较低是液压储能技术的一个缺点。恒压蓄能器相比传统囊式蓄能器具有较高的储能密度。压缩气体存储的能量 E_{gas}:

$$E_{gas} = -\int_{V_0}^{V}(p(V)-p_{atm})dV \tag{2-18}$$

式中:V_0 和 V 分别是初始和压缩后的气体体积;$p(V)$ 是气体压力函数;p_{atm} 是大气压力。假设气体压缩为理想气体等温过程,积分得到:

$$E_{gas} = p_0 V_0 \ln\frac{V_0}{V} - p_{atm}(V_0-V) = \frac{V_0}{r}[p\ln r - p_{atm}(r-1)] \tag{2-19}$$

式中:p_0 和 p 分别为初始压力和压缩后气体压力;气体体积压缩比 $r=\frac{V_0}{V}$。

传统囊式蓄能器的总体积定义为初始气体体积和被置换的油液体积:

$$V_{tot,1} = V_0 + (V_0-V) = 2V_0 - V \tag{2-20}$$

因此,传统囊式蓄能器的储能密度表达为

$$\frac{E_{gas}}{V_{tot,1}} = \frac{p\ln r - p_{atm}(r-1)}{2r-1} \tag{2-21}$$

假设恒压蓄能器与传统囊式蓄能器存储相同大小的能量。恒压蓄能器油液压力始终保持恒定,因此相同储能下置换掉的油液体积相对较少。

$$E_{\text{gas}} = E_{\text{hyd,CP}} \tag{2-22}$$

$$\frac{V_0}{r} p \ln r - V_0 p_{\text{atm}} \left(1 - \frac{1}{r}\right) = p V_{\text{hyd}} - V_{\text{hyd}} p_{\text{atm}} \tag{2-23}$$

求解被置换掉的油液体积:

$$V_{\text{hyd}} = \frac{V_0 [p \ln r - p_{\text{atm}}(r-1)]}{r(p - p_{\text{atm}})} \tag{2-24}$$

恒压蓄能器总体积定义为初始气体体积和被置换掉的油液体积:

$$V_{\text{tot,2}} = V_0 + V_{\text{hyd}} = V_0 \left[1 + \frac{p \ln r - p_{\text{atm}}(r-1)}{r(p - p_{\text{atm}})}\right] \tag{2-25}$$

变截面活塞蓄能器储能密度为

$$\frac{E_{\text{gas}}}{V_{\text{tot,2}}} = \frac{(p - p_{\text{atm}})[p \ln r - p_{\text{atm}}(r-1)]}{r(p - p_{\text{atm}}) + p \ln r - p_{\text{atm}}(r-1)} \tag{2-26}$$

设定两种蓄能器的压缩气体最大压力 p 为 10 MPa,气体压缩比 r 会影响储能密度,在某一特定压缩比下储能密度达到最大值。图 2.4 为囊式蓄能器和恒压蓄能器储能密度对比图。由图 2.4 可知,囊式蓄能器和恒压蓄能器的储能密度随着气体压缩比的增大,呈现出先升高后降低的特点。对比相同压缩比时,恒压蓄能器的储能密度高于囊式蓄能器,体现了恒压蓄能器在储能密度方面的优势。

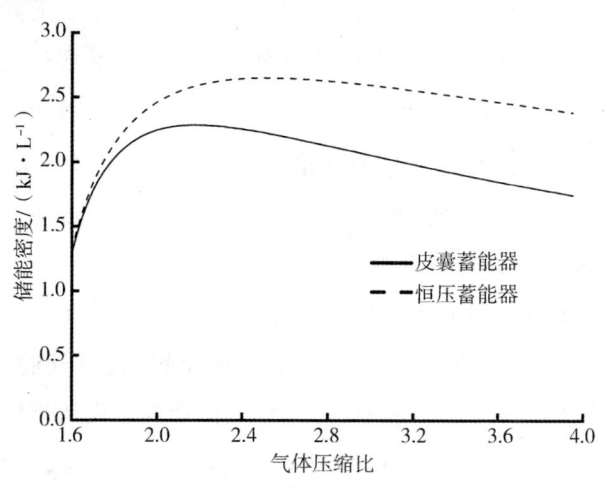

图 2.4 囊式蓄能器和恒压蓄能器储能密度

2.2.2 恒压蓄能器数学模型

为方便建模分析过程,图 2.5 为简化的恒压蓄能器模型。对恒压蓄能器的模型提出假设:①恒压蓄能器中的气体状态变化符合理想气体绝热变化过程原理;②恒压蓄能器中的由碳纤维和丁腈皮囊组成的隔膜的轴向和径向的周长保持不变,并始终和恒压蓄能器壳体、变截面活塞保持接触;③变截面活塞在运动时始终与中轴线对称;④恒压蓄能器忽略油液和气体泄漏[98]。

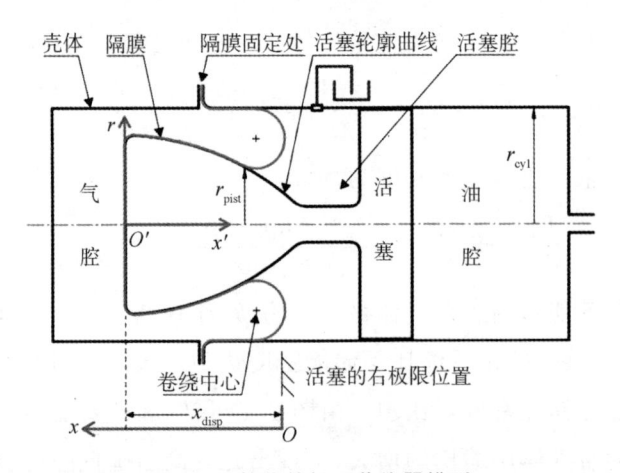

图 2.5 简化的恒压蓄能器模型

如图 2.5 所示,变截面活塞在右极限位置时,隔膜与变截面活塞没有形成卷绕状态,以变截面活塞的左端面为 0 点(O)、向左为 x 正方向,建立 O-x 绝对坐标系。绝对坐标系不随活塞运动而发生改变。活塞运动时,左端面距离绝对坐标系 0 点的移动距离为 x_{disp}。在活塞左端面轴线上建立 x'-r 相对坐标系,以左端面中心点为相对坐标系 0 点(O'),并定义向右为 x' 正方向,壳体径向方向定义为 r 方向,相对坐标系随活塞移动而运动,固定在变截面活塞上。变截面轮廓设计可划分为以下步骤。

1. 求解活塞有效作用面积

恒压蓄能器没有充油时,活塞位于右极限位置,此时气腔处于最低工作压力,气腔工作体积最大。当油液进入油腔,推动变截面活塞向左移动,到达左极限位置后,蓄能器停止充油过程。活塞位于左极限时,气腔的工作压力最大,气腔工作体积最小。恒压蓄能器排油时,活塞向右移动直到右极限位

置,排油过程停止。根据理想气体状态方程,推导以活塞行程为变量的气体压力方程:

$$p(x_{\text{disp}}) = \frac{p_2 V_2}{V_g(x_{\text{disp}})} \tag{2-27}$$

式中:p 为气体压力;x_{disp} 为活塞行程;p_2 为气体最小工作压力;V_2 为气体最大工作体积;V_g 为气体体积。

根据图 2.5 所示,结合式(2-27),推导气体体积关于活塞行程的函数:

$$V_g(x_{\text{disp}}) = V_2 - \int_0^{x_{\text{disp}}} A_{\text{eff}}(x_{\text{disp}}) \mathrm{d}x \tag{2-28}$$

式中:A_{eff} 为活塞有效面积。

根据式(2-27)和式(2-28)计算气腔对活塞的轴向作用力 F_g 可得

$$F_g = p(x_{\text{disp}}) A_{\text{eff}}(x_{\text{disp}}) = \frac{p_2 V_2 A_{\text{eff}}(x_{\text{disp}})}{V_2 - \int_0^{x_{\text{disp}}} A_{\text{eff}}(x_{\text{disp}}) \mathrm{d}x} \tag{2-29}$$

气腔对活塞的轴向作用力 F_g 是保持蓄能器油腔压力稳定的关键因素,即式(2-29)为一固定值。

求解式(2-29)可得

$$A_{\text{eff}}(x_{\text{disp}}) = \frac{F_g}{p_2} \mathrm{e}^{-\frac{F_g}{p_2 V_2} x_{\text{disp}}} \tag{2-30}$$

当活塞位于最右极限位置,假设边界条件:$F_g = p_2 A_{\text{eff},0}$($A_{\text{eff},0}$ 为气腔端活塞在此时的初始有效面积),将其代入式(2-30)可得

$$A_{\text{eff}}(x_{\text{disp}}) = A_{\text{eff},0} \mathrm{e}^{-\frac{A_{\text{eff},0}}{V_2} x_{\text{disp}}} \tag{2-31}$$

将式(2-31)代入式(2-28)推导气体体积函数:

$$V_g(x_{\text{disp}}) = V_2 \mathrm{e}^{-\frac{A_{\text{eff},0}}{V_2} x_{\text{disp}}} \tag{2-32}$$

参考文献[99]的有效面积计算方法,根据活塞和壳体面积平均值定义有效面积 A_{eff} 如下:

$$A_{\text{eff}}(x_{\text{disp}}) = \frac{\pi}{2}(r_{\text{cyl}}^2 + r_{\text{pist}}(x_{\text{disp}})^2) \tag{2-33}$$

式中:r_{cyl} 为恒压蓄能器的壳体半径。

2. 计算活塞半径

根据式(2-30)和式(2-33)，推导活塞半径 r_pist 的计算公式：

$$r_\mathrm{pist}(x_\mathrm{disp}) = \sqrt{\frac{2}{\pi} A_{\mathrm{eff},0} \mathrm{e}^{-\frac{A_{\mathrm{eff},0}}{V_\mathrm{t}} x_\mathrm{disp}} - r_\mathrm{cyl}^2} \tag{2-34}$$

根据式(2-34)可求得活塞行程 x_disp 为变量的活塞半径函数 r_pist。确定具体的活塞轮廓曲线，需要得到某一特定活塞半径值在 x'-r 相对坐标系中的轴向位置。图 2.6 为变截面活塞轮廓。

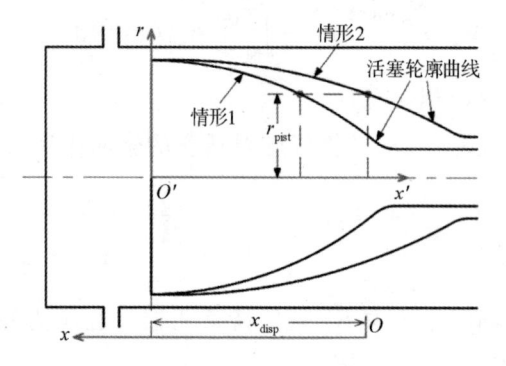

图 2.6 变截面活塞轮廓

已知活塞的特点的行程 x_disp，根据式(2-34)求得对应的 r_pist，但存在多种可能的轮廓情形，即无法确定具体的活塞轮廓曲线。针对以上问题，研究双层复合隔膜与变截面活塞在 x'-r 相对坐标系中接触关系。为便于理论分析，仅以单侧活塞进行研究，图 2.7 为单侧活塞和隔膜卷绕简图。假设外壳和变截面活塞之间的隔膜形状为半圆形，即角度 θ 等于 π，可称为半圆法，用于变截面活塞的轮廓设计。

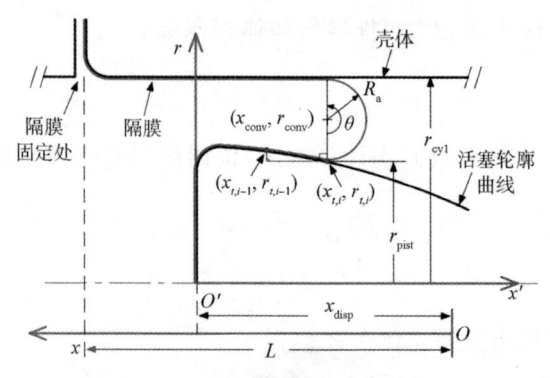

图 2.7 单侧活塞和隔膜卷绕简图

3.恒压蓄能器活塞轮廓求解方法

根据前文假设,恒压蓄能器的碳纤维隔膜沿轴向和径向的周长为一固定值,则单侧活塞的隔膜周长为

$$S_{\text{diaph}} = S_{\text{cyl}} + S_{\text{conv}} + S_{\text{pist}} \tag{2-35}$$

式中:S_{diaph} 为单侧隔膜周长;S_{cyl} 为隔膜与壳体接触的周长;S_{conv} 为隔膜在壳体和活塞之间卷绕的周长;S_{pist} 为隔膜包裹单侧活塞的周长。

求解隔膜与壳体接触的周长 S_{cyl}:

$$S_{\text{cyl}} = L - x_{\text{disp}} + x_{\text{conv}} \tag{2-36}$$

式中:L 为隔膜的起点(即隔膜固定处)到坐标零点的距离。

求解隔膜在壳体和活塞之间卷绕的周长 S_{conv} 计算公式为

$$S_{\text{conv}} = R_a \theta = \left(\frac{r_{\text{cyl}} - r_{\text{pist}}(x_{\text{conv}})}{2} \right) \pi \tag{2-37}$$

根据离散化的方法求解隔膜包裹单侧活塞的周长 S_{pist}。设当前时刻的隔膜与活塞侧面轮廓的瞬时接触点坐标为 $(x_{t,i}, r_{t,i})$,上一时刻接触点的坐标为 $(x_{t,i-1}, r_{t,i-1})$,其中 $i = 1, 2, 3, \cdots$。接触点 $(x_{t,i}, r_{t,i})$ 和接触点 $(x_{t,i-1}, r_{t,i-1})$ 构成直角三角形,斜边近似为单位长度的活塞侧面轮廓,对所有时刻求和求得活塞的侧面轮廓总长度。当 $i=1$ 时,上一时刻的接触点为 $(x_{t,0}, r_{t,0})$,有边界条件 $x_{t,0} = 0, r_{t,0} = r_{\text{pist},0}$。因此,$S_{\text{pist}}$ 求解公式为

$$\begin{aligned} S_{\text{pist},i} &= \sum \sqrt{\Delta x_{\text{conv},i}^2 + \Delta r_{\text{pist},i}^2} \\ &= S_{\text{pist},i-1} \sqrt{(x_{\text{conv},i} - x_{\text{conv},i-1})^2 + (r_{\text{pist},i} - r_{\text{pist},i-1})^2} \end{aligned} \tag{2-38}$$

当恒压蓄能器处于右极限位置,定义初始条件:$S_{\text{pist}} = 0$ 和 $x_{\text{disp},0} = x_{\text{conv},0} = 0$,结合式(2-35),计算活塞单侧的隔膜周长为

$$S_{\text{diaph}} = L + \frac{\pi}{2}(r_{\text{cyl}} - r_{\text{pist},0}) \tag{2-39}$$

将式(2-36)、(2-37)、(2-38)代入式(2-35),可以求得卷绕中心轴向坐标 x_{conv} 求解公式为

$$x_{\text{conv},i} = \frac{x_{\text{conv},i-1}^2}{2 \left[x_{\text{conv},i-1} - (S_{\text{diaph}} - L + x_{\text{disp},i} - \frac{\pi}{2}(r_{\text{cyl}} - r_{\text{pist}}(x_{\text{conv},i})) - S_{\text{pist},i-1}) \right]} -$$

$$\frac{\left((S_{diaph}-L+x_{disp,i}-\frac{\pi}{2}(r_{cyl}-r_{pist}(x_{conv,i}))-S_{pist,i-1})\right)^2}{2\left[x_{conv,i-1}-(S_{diaph}-L+x_{disp,i}-\frac{\pi}{2}(r_{cyl}-r_{pist}(x_{conv,i}))-S_{pist,i-1})\right]}+$$

$$\frac{(r_{pist,i}-r_{pist,i-1})^2}{2\left[x_{conv,i-1}-(S_{diaph}-L+x_{disp,i}-\frac{\pi}{2}(r_{cyl}-r_{pist}(x_{conv,i}))-S_{pist,i-1})\right]}$$

(2-40)

联立式(2-34)、(2-38)、(2-39)、(2-40)计算活塞单侧轮廓曲线。

为避免隔膜过度膨胀和变截面活塞发生磨损现象，活塞半径 r_{pist} 应大于壳体半径 r_{cyl} 的1/3。

2.2.3 半圆法求解活塞轮廓曲线

半圆法求解思路如下所示。

变截面活塞在行程为0时与隔膜初始接触面积，截面初始面积应小于壳体径向截面积，即 $\pi r_{pist,0}^2=(70\sim90)\%\times\pi r_{cyl}^2$；

活塞行程 x_{disp} 的离散化：按照一定步长移动，设步长 $h=0.004$ m，变截面活塞经 i 个单位时间（$i=0,1,2,3,\cdots$），运动行程 $x_{disp}=i\times h$；

活塞行程为0时，有边界条件：$x_{disp,0}=x_{conv,0}=S_{pist,0}=0$；

截止条件：$r_{pist,i}$ 不小于 $\frac{r_{cyl}}{3}$，否则计算终止。

变截面活塞轮廓求解流程如图2.8所示。

图2.9对不同壳体半径的变截面活塞轮廓进行对比，其横坐标轴表示活塞的轴向方向。活塞行程离散化，每一个单位步长，可计算得到一个活塞半径及其相应的相对横坐标值。根据图2.9可以得出，在相同设计条件下，恒压蓄能器壳体半径越大，求解得到的变截面轮廓越短，且活塞轮廓的斜率越大，这是由半圆法求解流程中的截止条件决定的。

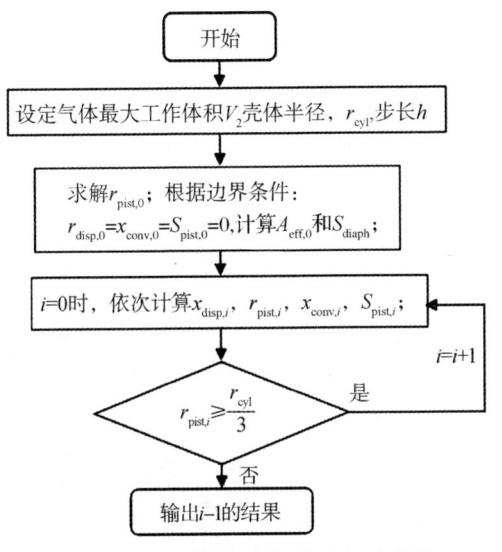

图2.8 变截面活塞轮廓求解流程图

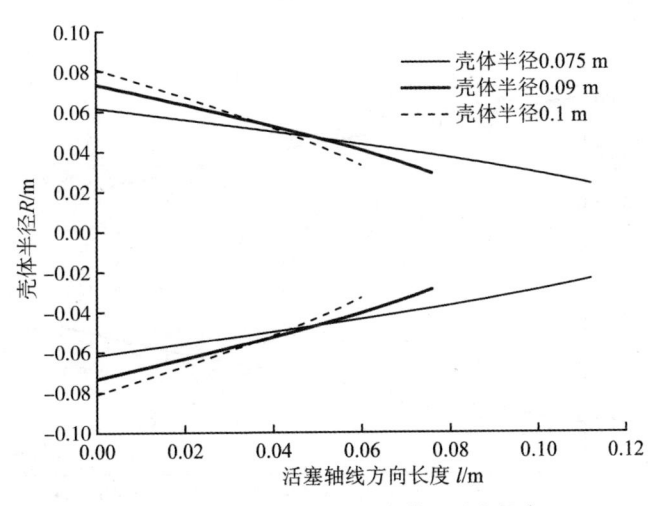

图2.9 不同壳体半径的变截面活塞轮廓

图2.10为不同初始面积比的气体压缩比。初始面积比越大,气体压缩比也相应增大。气腔在相同初始状态下,气体压缩比越大储能越多。图2.11为不同初始面积比的变截面轮廓,初始面积比越大,变截面活塞轮廓也越大,体积和成本也越大。

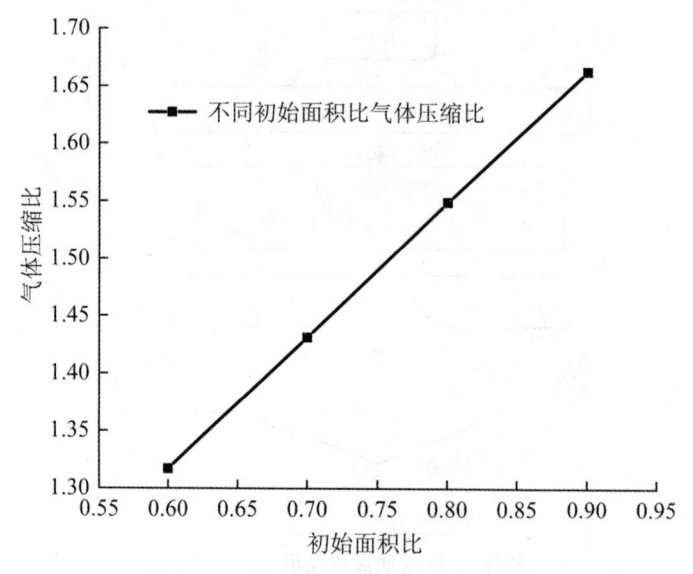

图 2.10　不同初始面积比的气体压缩比

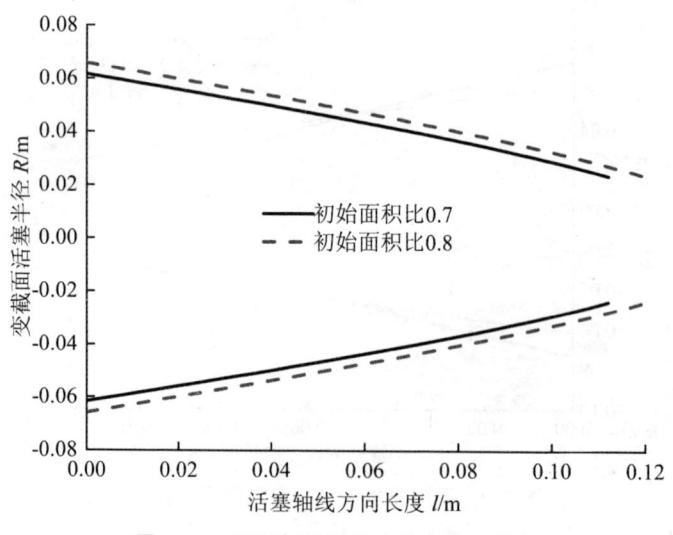

图 2.11　不同初始面积比的变截面轮廓

2.3　非对称泵恒压蓄能势能回收系统设计

本章提出的非对称泵恒压蓄能势能回收系统,将重力势能存储到恒压蓄能器中,可直接用于驱动非对称泵,不需要额外的辅助设备,减少了能量损失。

2.3.1 非对称泵恒压蓄能势能回收系统模型

通过仿真模型分析非对称泵恒压蓄能势能回收一体化液压回路,并与使用囊式蓄能器的势能回收方案进行比较。利用 ITI-SimulationX 软件建立非对称泵恒压蓄能势能回收系统仿真模型,模型包括非对称泵、差动缸、恒压蓄能器或囊式蓄能器等元件,如图 2.12 所示。

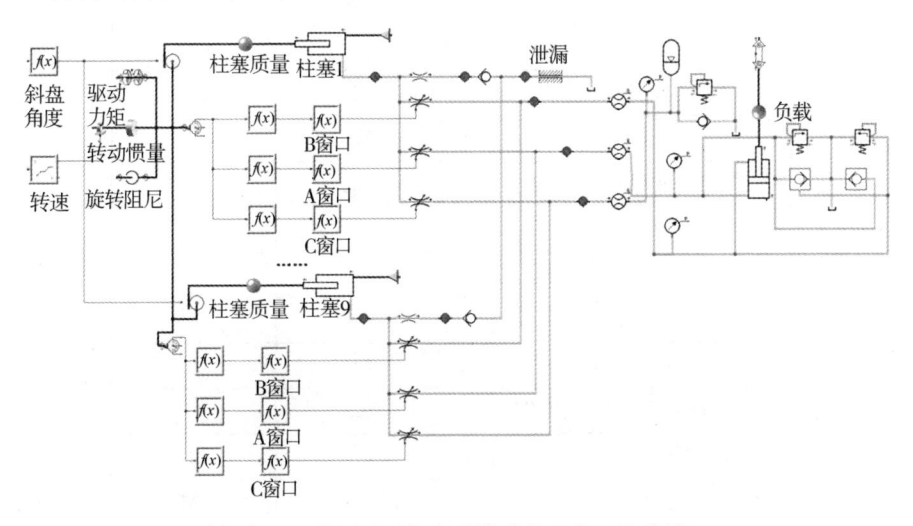

图 2.12 非对称泵恒压蓄能势能回收系统模型

本节研究的重点侧重蓄能器充放油恒定对非对称泵控差动缸系统的节能效果。为方便分析,对碳纤维和丁腈橡胶结合的建模进行简化,恒压蓄能器仿真时采用作用恒力的柱塞元件代替,以保证仿真模型充放油过程油液压力恒定。对比分析两种蓄能器作用下势能回收系统能耗、差动缸负载的运动学和动力学特性。由于恒压蓄能器加工试制难度较大和试验条件所限,原理验证阶段的恒压蓄能器采用较低的充气压力来降低试制难度和成本。其势能回收系统的仿真参数如表 2.1 所示。

表 2.1 势能回收系统的仿真数

模型参数	参数值	单位
柱塞直径	17	mm
柱塞数	9	—
额定排量	45	mL/r
活塞行程	22.2	mm
配流槽分布圆直径	33.5	mm
柱塞死腔	5.7	cm^3
斜盘最大摆角	18	°
柱塞分布圆半径	33.5	mm
负载质量	900	kg
液压缸总行程	750	mm
液压缸缸径	63	mm
液压缸杆径	45	mm
囊式蓄能器容积	6.3	L
囊式蓄能器初始充气压力	2.5	MPa
恒压蓄能器容积	6.3	L
变截面活塞初始面积比	0.9	—
恒压蓄能器初始充气压力	3.54	MPa
可调式溢流阀	YF-L20H	20 MPa
S型单向阀	S6A	0.05 MPa

2.3.2 仿真结果分析

通过设置仿真参数使两种蓄能器的最大油液压力一致，即囊式蓄能器油腔最大压力和恒压蓄能器油腔恒定压力为相同值。变频电机转速为 1 000 r/min，负载为 900 kg。势能回收系统分别以囊式蓄能器和恒压蓄能器进行对比分析。

1.非对称泵囊式蓄能势能回收系统

非对称泵势能回收系统通过变排量机构对其斜盘角度在±5°切换，可实现差动缸活塞双向运动，即负载的升降方向控制。势能回收过程包括负载的上升—下降—再上升。在 0.01 s 时，非对称泵的斜盘角度由 0°切换到 5°，此时非对称泵 A 口为排油口，B、T 口为吸油口。在此过程中差动缸活塞杆开

◇ 第2章 非对称泵恒压蓄能势能回收系统设计及试验研究 ◇

始伸出,并带动负载上升。在9.5 s时,差动缸活塞杆完全伸出,通过变排量机构将斜盘角度切换到-5°,此时非对称泵B、T口为排油口,A口为吸油口。差动缸活塞开始缩回,负载开始下降,蓄能器通过T口充油并回收负载势能。在17.01 s差动缸活塞杆完全缩回,同时负载下降到最低位置。然后通过变排量机构将斜盘角度再次切换到+5°,差动缸的无杆腔进油并带动负载再次上升,26.083 s差动缸活塞完全伸出达到最大行程,负载上升到最高位置。

非对称泵囊式蓄能系统的压力与位移仿真结果如图2.13所示。在负载第一次上升时,非对称泵的A口油液压力开始升高,B口和T口油液压力相对较低。当负载下降时,A口和T口的油液压力升高,在负载第二次上升时,B口油液压力迅速下降,蓄能器放油过程中T口油液压力逐渐下降,油液排尽后T口压力迅速下降。由图2.13油液压力可得,当斜盘角度在±5°处切换时,A口和B口油液压力存在一定的脉动。囊式蓄能器具有良好的缓冲效果,T口压力脉动相对较小。

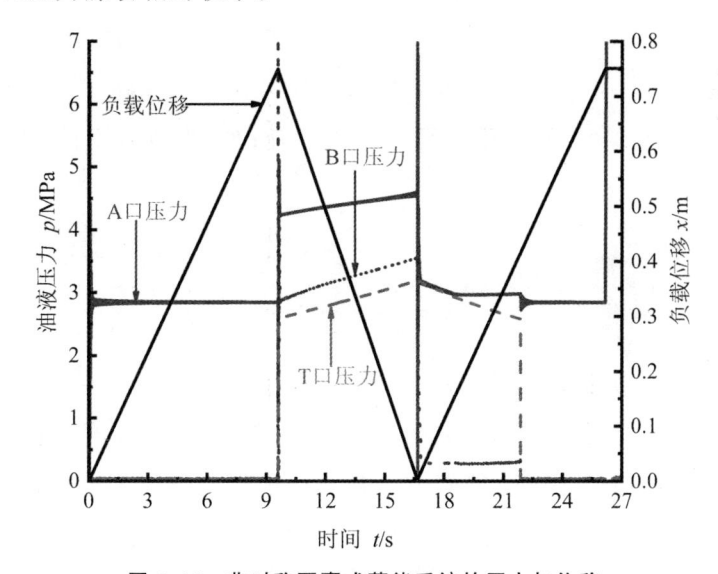

图2.13 非对称泵囊式蓄能系统的压力与位移

非对称泵囊式蓄能系统的流量与位移仿真结果如图2.14所示。由图可知,A口流量等于B口流量和T口流量之和。当斜盘角度在±5°处切换时,流量存在较大波动。在第二次负载上升时,蓄能器的压力油液排出,使配流窗口 A 的流量增加,当蓄能器中储存的油液完全排出后,开始通过油箱吸油,A 口的流量有所下降。

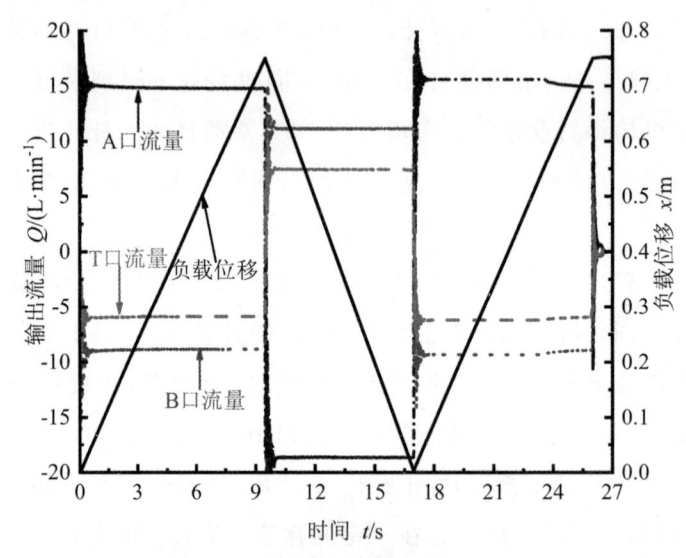

图 2.14 非对称泵囊式蓄能系统的流量与位移

电机节省能量计算表达式为

$$E_r = E_1 + E_2 \tag{2-41}$$

式中:E_1 为负载第二次上升过程中电机能耗;E_2 为负载下降过程中电机能耗。

节能率为

$$\eta = \frac{E_r}{E_3} \times 100\% \tag{2-42}$$

式中:E_3 为第一次起升能耗。

图 2.15 为电机能耗与位移变化。当囊式蓄能器中存储的油液进入非对称泵作为吸油口的 T 口,蓄能器能量释放的同时可以减少电机做功。负载第一次上升耗能 9 416 J,起升—下降—再次起升过程总耗能 17 281 J。根据公式(2-41)和公式(2-42),计算出节省能量 E_r 为 1 551 J,上升时间缩短 0.428 s,节能率为 16.4%。图 2.16 为囊式蓄能器和气体压力和体积变化图,随着气体体积压缩,气体压力上升并存储能量,气体体积变化约 0.96 L,最大气体压力为 3.19 MPa。

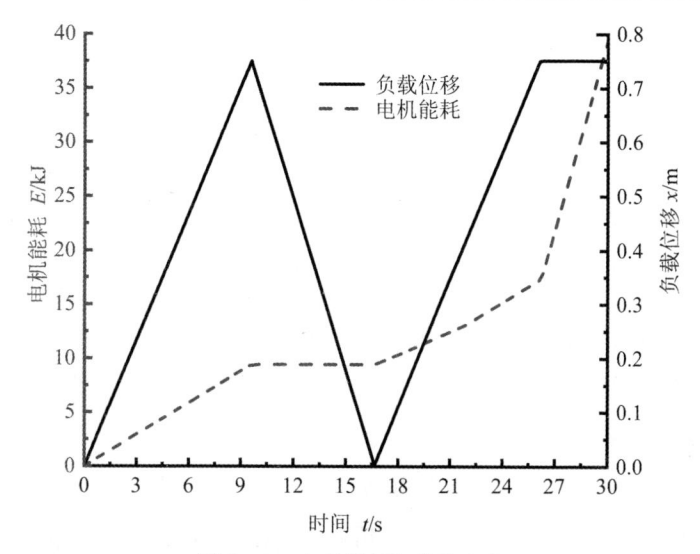

图 2.15 电机能耗与位移变化

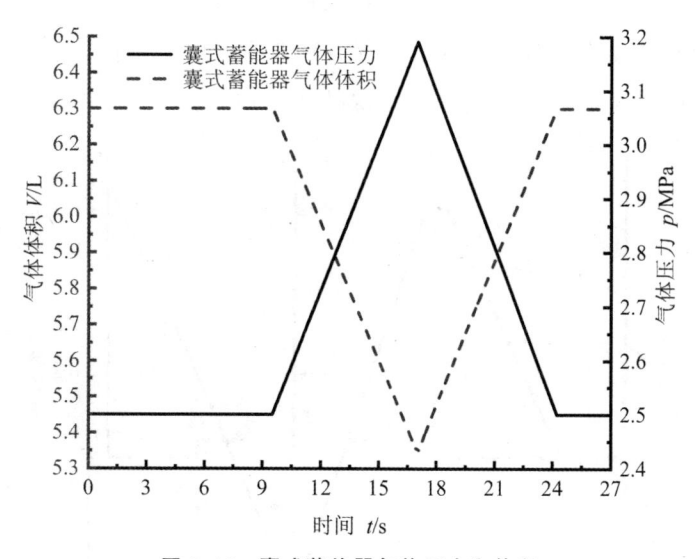

图 2.16 囊式蓄能器气体压力和体积

2.非对称泵恒压蓄能势能回收系统

由前文仿真结果可知,采用囊式蓄能器的势能回收系统在负载的下降—再上升过程中,油液压力先上升后下降,最大油液压力值为 3.19 MPa。设定恒压蓄能器在充放油过程中始终保持在 3.19 MPa,比较恒压蓄能器和囊式蓄能器的能量回收效果。在 0.01 s 时,非对称泵的斜盘角度由 0°切换到 5°,

此时非对称泵 A 口为排油口，B、T 口为吸油口。非对称泵驱动差动缸带动负载上升。在 9.5 s 时，差动缸活塞杆完全伸出，通过变排量机构将斜盘角度切换到 −5°，此时非对称泵 B、T 口为排油口，A 口为吸油口。差动缸活塞开始缩回，负载开始下降，此时蓄能器通过 T 口充油并回收负载势能。差动缸活塞杆完全缩回，同时负载下降到最低位置。然后通过变排量机构将斜盘角度再次切换到 +5°，差动缸的无杆腔进油并带动负载再次上升，26.083 s 差动缸活塞完全伸出达到最大行程，负载上升到最高位置。恒压蓄能器的第二次起升时间相比囊式蓄能器缩短 0.071 s，这是由于恒压蓄能器的输出油液压力始终高于囊式蓄能器，因此在一定程度上可以缩短时间。

非对称泵恒压蓄能系统的压力与位移如图 2.17 所示。当负载下降时，T 口由于跟恒压蓄能器连接，充油之后在 T 口压力达到 3.19 MPa 后，压力保持不变。在负载第二次上升时，非对称泵的 T 口由恒压蓄能器供油，所以保持恒定，当蓄能器中的油液完全排出后，T 口油液压力下降。相比恒压蓄能器，囊式蓄能器充油和放油过程无法保持压力恒定。

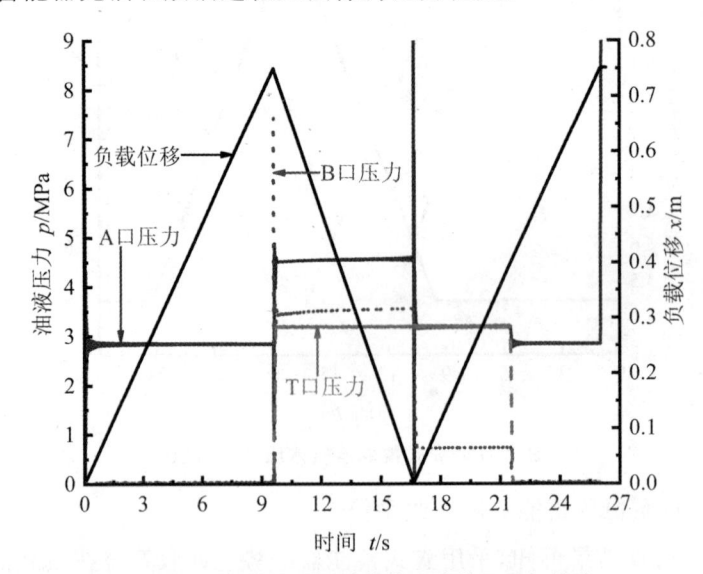

图 2.17 非对称泵恒压蓄能系统的压力与位移

恒压蓄能器活塞位移和油腔压力如图 2.18 所示。在 9.5 s 恒压蓄能器开始充能，油液推动活塞产生位移，在 16.9 s 达到最大位移 94 cm，随着斜盘角度改变蓄能器开始释放，活塞位移开始逐渐减小，在 23.6 s 油液排尽，活塞

◇ 第2章 非对称泵恒压蓄能势能回收系统设计及试验研究 ◇

位移为 0，T 口通过补油泵实现补油，在 25.68 s 负载达到最高位置。但恒压蓄能器活塞相比囊式蓄能器存在较大惯性，因此相比囊式蓄能器压力脉动有所增加。图 2.19 为非对称泵恒压蓄能系统的流量与位移。当非对称泵的斜盘角度在±5°切换时，在 A 口和 B 口存在一定的流量脉动。

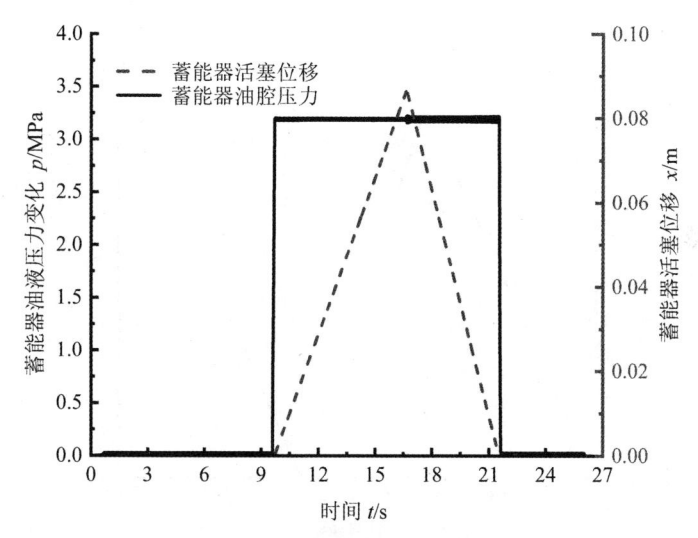

图 2.18 恒压蓄能器活塞位移和油液压力

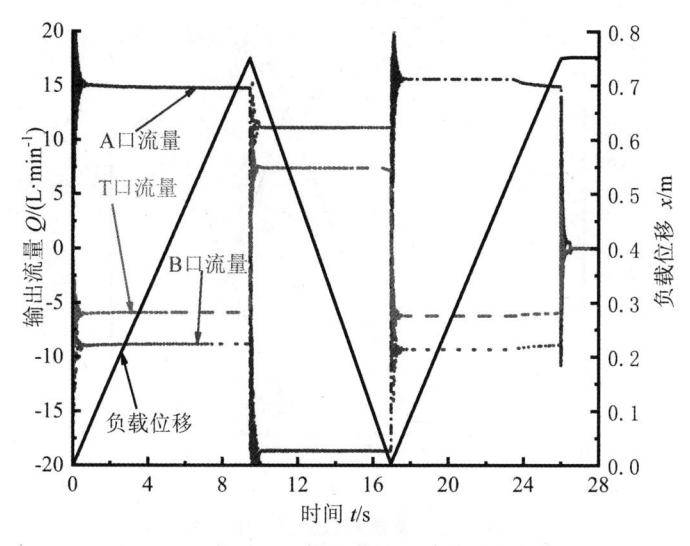

图 2.19 非对称泵恒压蓄能系统的流量与位移

图 2.20 为恒压蓄能器电机能耗与位移变化图。第二次起升时，恒压蓄能器中存储的油液进入 T 口，恒压蓄能器能量释放的同时可以减少电机做

功,起到节能效果。负载第一次上升耗能 9 416 J,起升—下降—再次起升过程共耗能 17 050 J。节省能量 E_r 为 1 782 J,上升时间缩短 0.459 s。图 2.21 为恒压蓄能器气体压力和体积变化图,随着恒压蓄能器充油过程,气体体积被压缩,最高压力上升至 4 MPa;放油过程中,气体膨胀,压力下降最低至初始充气压力 3.54 MPa。

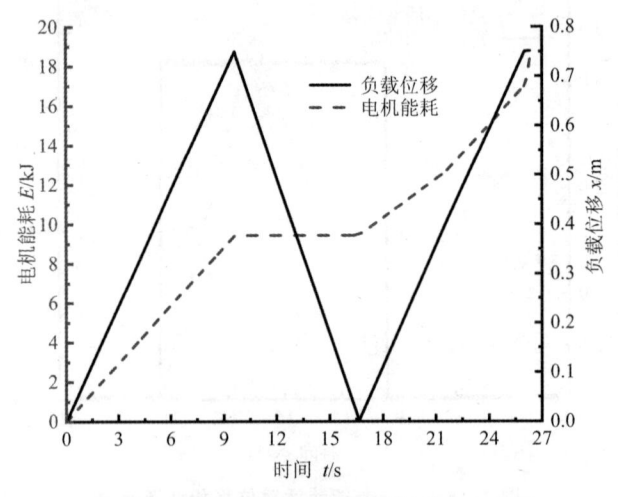

图 2.20 恒压蓄能器电机能耗与位移变化图

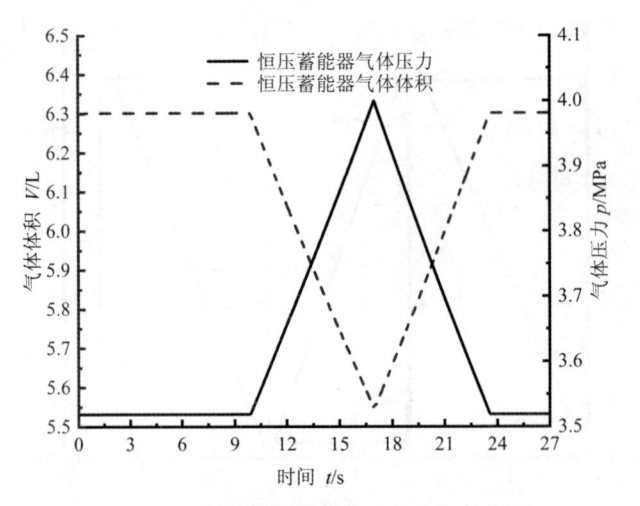

图 2.21 恒压蓄能器气体压力和体积变化

负载第一次和第二次起升高度相同,所需要消耗的能量也相同,为 9 416 J。恒压蓄能器总体电机耗能 17 050 J,而囊式蓄能器为 17 281 J,采用恒压蓄能器的势能回收系统电机能耗减少 231 J。这是由于囊式蓄能器在充放油过程中，油液最大压力为 3.19 MPa，最小压力为 2.5 MPa，而恒压蓄能器始终保持 3.19 MPa，存储相同油液体积相等条件下，恒压蓄能器回收和释放的能量比囊式蓄能器多 231 J。表 2.2 为囊式蓄能器和恒压蓄能器能耗对比。

表 2.2 囊式蓄能器和恒压蓄能器能耗对比

蓄能器类型	蓄能器油腔最大压力/MPa	第一次起升能耗/J	第二次起升总能耗/J	节省能耗/J	节能率
囊式蓄能器	3.19	9 416	17 281	1 551	16.4%
恒压蓄能器	3.19	9 416	17 050	1 782	18.9%

2.4 恒压蓄能器的试制及强度校核

利用图 2.8 的流程图设计基于半圆法的变截面活塞轮廓。图 2.22 为设计的恒压蓄能器活塞轮廓，该活塞轮廓用于非对称泵恒压蓄能势能回收系统试验。为减轻变截面活塞体积和重量，便于后置通气管布置，其初始面积比设置为 0.8，理论容积为 4 L。

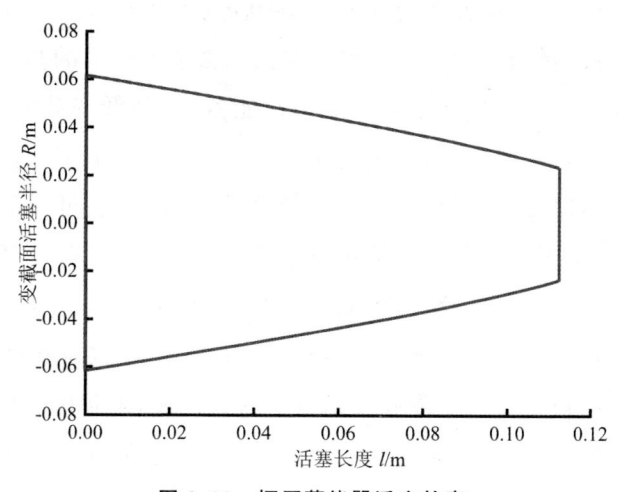

图 2.22 恒压蓄能器活塞轮廓

恒压蓄能器加工工艺的要求较高，皮囊的强度、活塞和壳体的配合均应满足一定的要求[106]。图 2.23 为恒压蓄能器试制样机三维模型,图 2.23(a)为试制样机的三维模型外形,通过图中连接法兰和液压管路、转换接头连接。由前文可知,在充放油过程中,密闭的活塞腔不利于隔膜和变截面活塞的卷绕作用,需要在蓄能器壳体开设平衡阀口与外界连通,并设置活塞限位装置。如果在壳体直接开孔和焊接限位块会导致壳体变形,无法保证活塞和壳体配合,因此提出在壳体后部开孔并通过通气管与外界接通的方案。样机三维模型内部剖视图如图 2.23(b)所示。蓄能器充气后,碳纤维和丁腈橡胶皮囊结合的隔膜与变截面活塞形成卷绕。

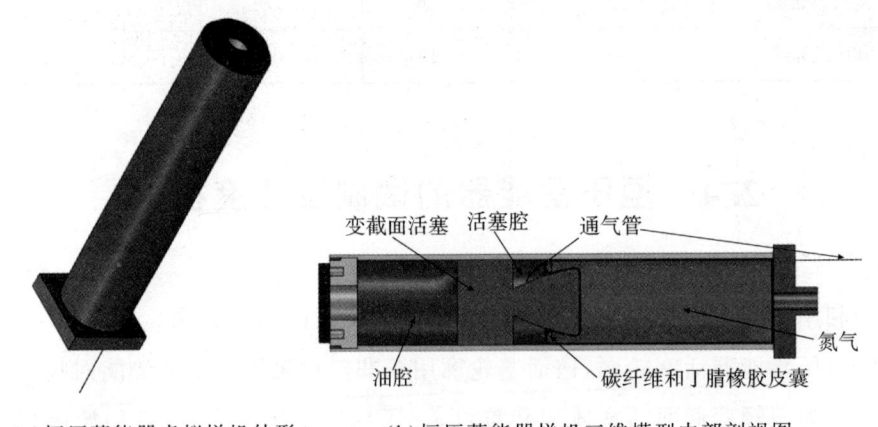

(a)恒压蓄能器虚拟样机外形　　(b)恒压蓄能器样机三维模型内部剖视图

图 2.23　恒压蓄能器样机的三维模型

为避免油液向气腔渗漏,本节提出在活塞蓄能器产品的基础上进行二次加工。购置壳体直径为 150 mm 的活塞蓄能器,为降低变截面活塞的质量,提高恒压蓄能器的响应速度,变截面部分由铝合金材料制造。活塞部分则由原装的活塞,通过螺纹联结形成变截面活塞,该制造方法可降低制造成本和难度,如图 2.24(a)所示。皮囊部分为保证气密性,采用囊式蓄能器的气囊与活塞蓄能器后盖进行螺纹连接,如图 2.24(b)所示。碳纤维材料作为承压部件保证隔膜周长不变和高强度,碳纤维材料如图 2.24(c)所示。

本节提出的恒压蓄能器隔膜采用双层材料构成,丁腈橡胶皮囊处于内层具有良好的弹性、气密性和柔韧性,因此单独使用丁腈橡胶皮囊不满足恒压蓄能器隔膜周长不变的假设[107]。碳纤维具有较高的强度,常用于建筑、桥梁加固,可使用碳纤维浸渍胶与金属壳体进行固定[108-110]。在丁腈橡胶皮囊充

◇ 第2章 非对称泵恒压蓄能势能回收系统设计及试验研究 ◇

气前小于碳纤维体积,充气后膨胀充满整个碳纤维。通气管的作用是连接活塞腔与外界。图 2.25 为试制恒压蓄能器装配关系图。图 2.26 为碳纤维材料与壳体固定方式。

(a)组合式变截面活塞　　(b)气囊安装　　(c)碳纤维材料

图 2.24　试制恒压蓄能器主要部件

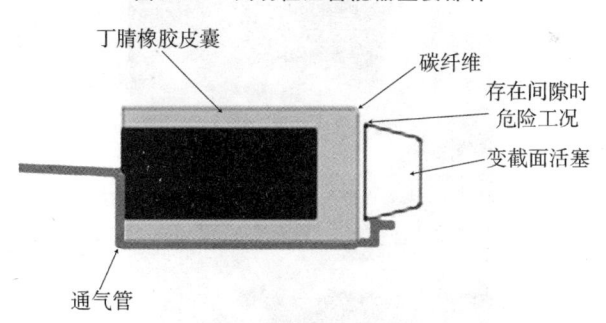

图 2.25　试制恒压蓄能器装配关系图

图 2.26　碳纤维材料的固定方式

· 45 ·

丁腈橡胶皮囊和通气装置安装如图 2.27 所示。

(a)后端盖的通气孔　　(b)后端盖的连接

图 2.27　恒压蓄能器皮囊安装方案

将组合式变截面活塞安装到壳体中,装配过程如图 2.28 所示。该试制方案可降低恒压蓄能器试制难度和制造成本,保证了活塞和壳体之间的配合,防止油液通过活塞向气腔漏油,为下一步试验工作奠定了基础。

图 2.28　恒压蓄能器的装配

相对于钢材,铝合金变截面活塞能有效减少活塞质量,但强度也会相应降低,因此需进行受力分析[111-112]。将活塞三维模型导出圆角,避免尖角划伤皮囊。在变截面活塞表面施加 5 MPa 的压力,通过 ansys 有限元分析,活塞最大应力为 108 MPa,低于铝合金许用应力 170 MPa,因此满足强度要求,活塞有限元分析应力云图如图 2.29 所示。

◇ 第 2 章 非对称泵恒压蓄能势能回收系统设计及试验研究 ◇

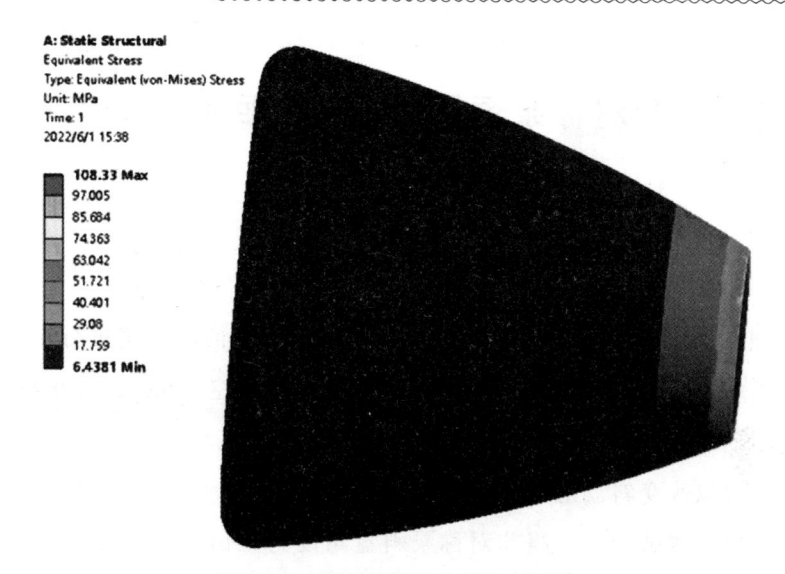

图 2.29 活塞有限元分析应力云图

由图 2.21 可知,恒压蓄能器最大气体压力 P_g 约为 4 MPa。考虑危险工况,全部作用于壳体截面积方向,即碳纤维材料完全承受最大气体压力。图 2.30 为碳纤维危险工况。

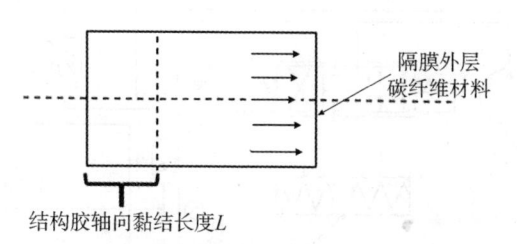

图 2.30 碳纤维危险工况

求得碳纤维材料最大受力 F_{max} 为

$$F_{max} = P_g \pi r_{cyl}^2 = 70\ 650\ \text{N} \tag{2-43}$$

本节采用建筑加固碳纤维,每平方毫米承受的拉力为 3 332 N,单层厚度 0.167 mm,承载 F_{max} 仅需 124 mm 长度。试制的恒压蓄能器沿着壳体布置碳纤维长度 L 为 470 mm,远大于 124 mm,足以承受危险工况。

采用碳纤维浸渍胶进行固定,即建筑加固环氧树脂结构 AB 组分胶[113],该胶的抗拉强度为 30 MPa,抗剪切强度为 14 MPa 到 17 MPa[114],沿壳体轴向粘贴最小长度 L 为 10.7 mm,可满足碳纤维最大受力 F_{max}。

2.5 非对称泵恒压蓄能势能回收系统实验

2.5.1 势能回收实验台

按照2.2节设计思路,对非对称泵恒压蓄能势能回收系统进行原理验证。实验台由非对称泵、差动缸、恒压蓄能器、变频电机及控制和测试系统组成。变频电机驱动非对称泵,通过DSpace工作平台设定电机转速。通过非对称泵的变量机构可以改变斜盘角度,实现对负载的升降控制,并通过各种传感器可以获得所需要的测试结果。当非对称泵斜盘角度为正值时,B口和T口吸入油液,A口排出油液,液压缸带动负载上升;斜盘角度为负值时,B口和T口排出油液,A口吸入油液,此时液压杆缩回并带动负载下降。通过压力传感器和流量传感器采集相关信号和数据。势能回收实验台原理如图2.31所示。

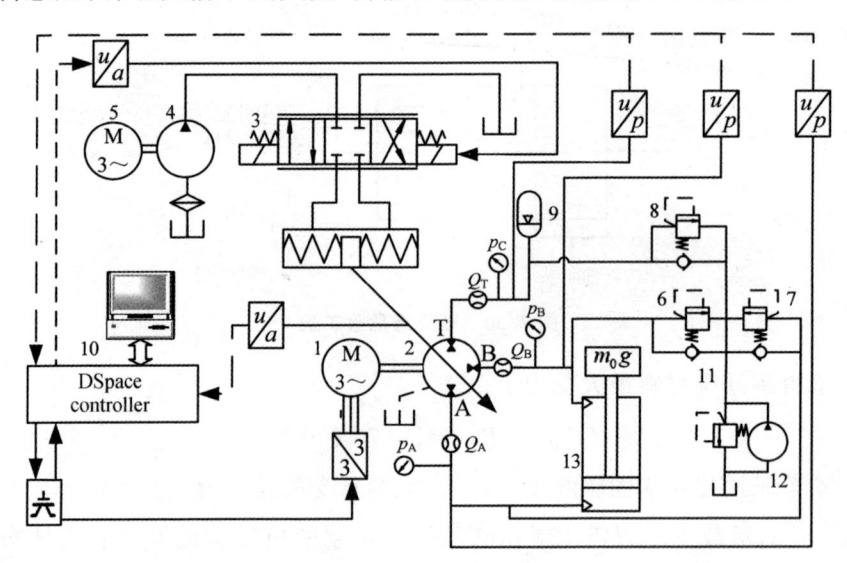

1—变频电机;2—非对称泵;3—电液伺服阀;4—变排量机构液压泵;
5—电动机;6,7,8—溢流阀;9—恒压蓄能器;
10—DSpace实时仿真平台;11—单向阀;12—补油泵;13—差动缸

图2.31 势能回收实验台的原理

第 2 章 非对称泵恒压蓄能势能回收系统设计及试验研究

因实验条件限制和保证实验安全性考虑，负载质量设置不宜过大，负载质量在 600 kg 左右。表 2.3 为实验设备参数。图 2.32 为实验台主要部件。

表 2.3 实验设备参数

部件	类型	参数
差动缸	HSGL01-63/DE	缸径 63 mm,活塞杆径 45 mm,最大行程 750 mm
角位移传感器	CP-2UK-R260 型	检测±30°内的角度
比例伺服阀	4WRPEH6C4B12L 型	最大输出流量为 12 L
流量传感器	SCLV-PTQ-300 型	最大流量为 300 L/min
压力传感器	4748-HC-0400-000 型	最大压力 40 MPa
直动式溢流阀	YF-L20H-Y1 型	最大调定压力为 20 MPa
加载负载	自制	约 600 kg
恒压蓄能器	自制	油液压力 2.5 MPa,容积 4 L,面积比 0.8
补油泵站	YZC-L-20L-C-0.75	通过溢流阀限定 1.5 MPa 补油压力

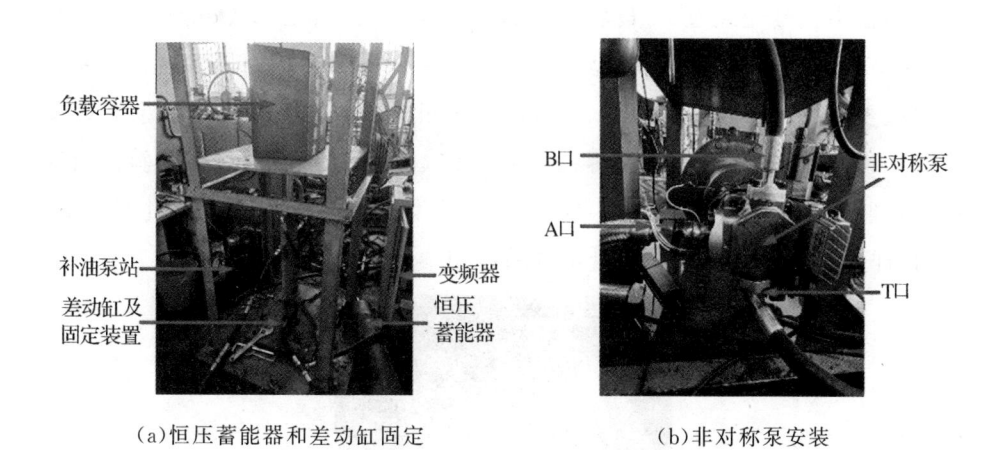

(a)恒压蓄能器和差动缸固定　　(b)非对称泵安装

图 2.32 实验台主要部件

根据恒压蓄能器原理，壳体应开孔和焊接活塞块，为避免钻孔和焊接可能导致壳体变形，采用图 2.33 聚乙烯通气装置。该方案保证原装活塞和壳体的配合精度，但聚乙烯管承压能力有限，丁腈橡胶皮囊充气压力过大时，可能造成聚乙烯管变形过大，影响和活塞腔的通气。因此，原理测试阶段的恒压蓄能器充气压力较低，约 3 MPa 左右，充放油过程油腔理论压力约 2.5 MPa。

(a)后端盖通气装置 　　　　　　(b)聚乙烯通气管

图 2.33　聚乙烯通气装置

图 2.34 为实验中使用的 DSpace 实时仿真系统。DSpace 可以实现数字信号模拟信号的相互转换,在上位机中的 MATLAB 和 Control Desk 采集非对称泵角度传感器、压力流量传感器的电压信号,转换并保存数据。角度传感器的输出信号先经过 A/D 转化成数字反馈信号,并通过 Control Desk 与 MATLAB/Simulink 闭环系统控制电液伺服阀的开度,实现对斜盘角度的实时改变。图 2.35 为 MATLAB 和 Control Desk 斜盘角度闭环系统。图 2.35(a)为 Control Desk 控制界面。图 2.35(b)为基于 Simulink 的斜盘角度闭环控制系统模型,该模型在 Simulink 中编译后生成项目,通过 Control Desk 打开该项目后可设定斜盘角度的控制参数。

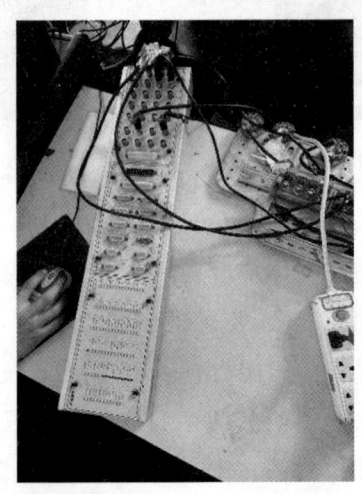

图 2.34　DSpace 实时仿真系统

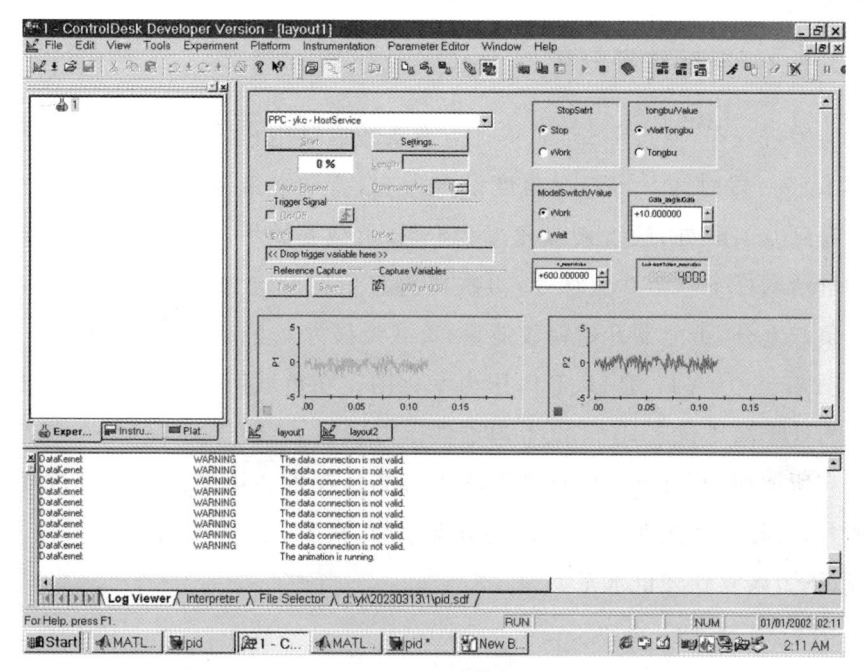

(a)Control Desk 控制界面

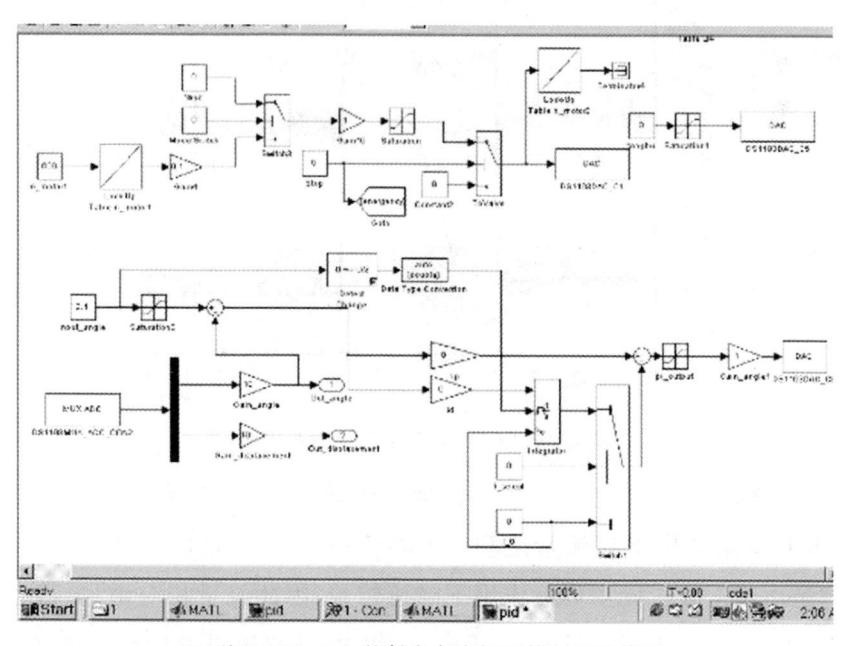

(b)基于 Simulink 的斜盘角度闭环控制系统模型

图 2.35　MATLAB 和 Control Desk 斜盘角度闭环系统

2.5.2 实验结果分析

实验过程中,通过 DSpace 实时仿真系统启动电机。首先设定斜盘角度为 0,保持一段时间。将斜盘角度设定为 5°,差动缸带动负载开始上升。负载举升到 0.4 m 处,改变斜盘角度为 −5°,负载开始下降,蓄能器开始充油。差动缸活塞杆下降至 0 位移处,再次将斜盘角度设定为 +5°,差动缸伸出并带动负载上升,蓄能器开始释放能量,负载位移为 0.4 m 时,实验结束。

图 2.36 为 A 口、B 口、T 口压力变化图。在负载第一次上升时,A 口油液压力处于高压状态,B 口和 T 口油液压力较低。当负载下降时,A 口、B 口压力有所增加,T 口充油导致油液压力升高。在负载第二次上升时,蓄能器油液开始释放,因此 T 口油液压力逐渐下降,在 11.4 s 左右蓄能器油液释放完成,压力恢复到较低水平。

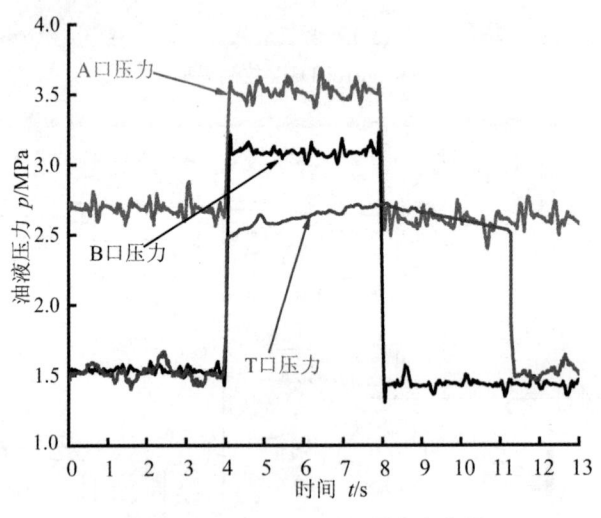

图 2.36 A 口、B 口、T 口压力变化图

非对称泵的 A 口、B 口和 T 口的油液流量如图 2.37 所示。A 口流量大致等于 B 口流量和 T 口流量之和。下降阶段 A 口流量比起升阶段有所增大,这是由于下降阶段在负载作用下降速较快,因此流量相对增加。在第二次负载上升时,蓄能器的压力油液排出,使 A 口的流量的增加。如图 2.32(a)所示,变频器与实验台距离过近,对控制系统、传感器的干扰较大,变排量控制系统受到干扰,因此 A、B、T 三口的流量脉动较大。此外,现有非对称泵

结构设计问题也是引起流量波动的一个因素。本书第 5 章将尝试从抗扰控制方法的角度来改善斜盘角度振荡问题。

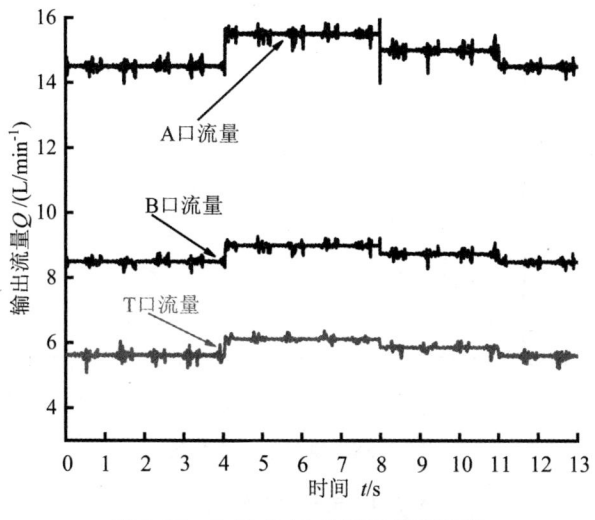

图 2.37　A 口、B 口、T 口流量变化图

根据以上流量压力图进行电机能耗计算,图 2.38 为电机能耗变化图,表 2.4 为电动机做功能耗统计。第一次起升能耗约为 3 110 J,完成起升—下降—再次起升耗能约 5 855 J,根据式(2-41)计算,节省能耗约 365 J,节能率为 11.7%。对 T 口油液压力传感器测试结果分析可得,在负载下降过程中,压力仍存在一定上升趋势,但压力升高值低于采用囊式蓄能器时理论压力升高值 0.32 MPa,因此,具有一定减缓油液压力上升的效果,但未完全实现绝对恒压效果。分析油液压力上升原因:①受试制条件所限,聚乙烯管延壳体轴向布置方案可降低试制难度,但也影响隔膜卷绕效果,导致恒压效果不理想;②在未充油状态下碳纤维材料应与活塞端面平齐,但实际碳纤维很难实现均匀布置。受以上因素影响,试制的蓄能器仍存在压力上升现象,工艺方案有待改进。

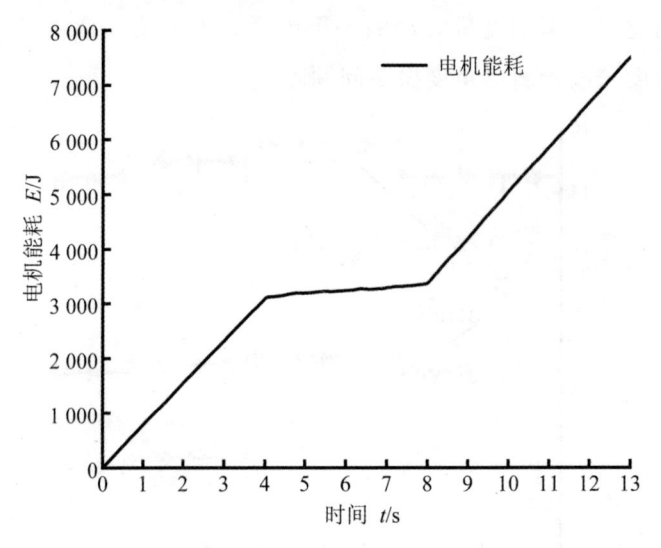

图 2.38　电机能耗变化图

表 2.4　电机做功能耗统计

斜盘角度	起升高度	第一次起升电机能耗/J	下降和第二次起升总能耗/J	节能效果/J	节能率
±5°	0.4 m	3 110	2 745.1	365	11.7%

2.6　本章小结

本章提出了非对称泵恒压蓄能势能回收系统,建立了回收方案的仿真模型,分析对比了囊式蓄能器和恒压蓄能器的压力、流量、能耗等系统特性。提出了一种碳纤维和丁腈橡胶双层材料配合的恒压蓄能器,制订了恒压蓄能器试制方法,并对关键零部件进行强度校核。最后,通过实验验证了非对称泵恒压蓄能势能回收系统可行性,该方案节省能耗约 365 J,节能率 11.7%。

第3章 基于多核CPU的复杂液压产品快速并行优化方法

针对势能回收系统参数匹配仿真过程耗时长、反复手动调参效率低的问题,本章提出一种基于多核CPU的复杂液压产品快速并行优化方法。此外,目前液压系统动态仿真不易与智能优化算法融合、且液压仿真软件平台的串行优化耗时较长。本章将基于多核CPU的复杂液压产品快速并行优化方法和粒子群算法结合对非对称泵的配流盘进行优化,目的是降低泵输出流量的脉动。为提高复杂液压产品快速并行优化方法的群体智能优化算法性能,进一步提出一种能有效平衡全局搜索性能和局部搜索性能的新型多物态模拟优化算法,该算法将有限元思想跨学科引入智能优化算法领域。

3.1 基于多核CPU的复杂液压产品快速并行优化方法框架

为解决液压快速并行优化的问题,多核CPU技术是一个可行的途径。多核CPU技术的出现使得并行计算的广泛应用成为可能,计算机上多核CPU技术使并行计算技术的应用推向微型计算机[115]。多核CPU相比早期单核处理器有了较大的计算性能提升,且处理器的核心数有增多的趋势,主要代表性厂家有Intel和AMD公司[116]。参阅国内外文献,关于液压产品多核并行优化方法的相关报道比较少见。本章提出一种基于多核CPU的复杂液压产品快速并行优化方法。首先采用CVODE求解器提升仿真速度,且实现仿真过程脱离专业软件平台。CVODE外部求解器是一种外部求解器,适用于刚性、非刚性模型以及没有太多中断的仿真类型。由于 CVODE 仿真模型是基于 C 代码编译生成的可执行程序，因此应用该求解器对复杂模型的求解速度更快。多核 CPU 加速方法给每个种群个体分配一个进程，独立地按照优化算法流程进行迭代计算，个体相互之间属于并行式的独立求解，互不干扰。进程是操作系统资源分配的基本单位，个体的进程由操作系统自动分配 CPU 内核，区别于多线程并行编程方法。将多核并行优化方法应用于不同排量的非对称轴向柱塞泵产品系列化开发中，以三角槽参数优化为研究对象，利用泵出口压力实验来验证 COVDE 求解器仿真模型的准确性，在此基础上通过粒子群算法寻优来降低输出流量脉动。

多核 CPU 的复杂液压产品快速并行优化方法的主要原理为基于群体智能优化算法，对 CVODE 仿真程序动态调整仿真参数。CVODE 求解器能提高仿真速度，是本章提出的第一级加速策略。COVDE 可执行仿真程序看作群体智能算法的群体粒子，每个粒子（COVDE 可执行程序）被分配给不同的设计参数，参数化过程通过对参数文件的写入来实现。从 COVDE 可执行程序生成的输出文件中可提取产品性能参数，并计算出群体粒子的适应值，同时判断是否满足产品性能约束条件。区别于传统的串行优化仿真方法，每个 COVDE 可执行程序是一个 Dos 程序，通过 ShellExecute 函数即可启动运行，自动生成一个进程，同时启动多个 Dos 进程分配权归操作系统所有，不需要人为干预。多个 Dos 进程同时进行仿真可充分利用多核处理器，与群体优化算法模块进行数据交互，直到满足迭代终止条件。基于群体智能优化算法的参数分配模块通过群体进化策略来动态分配设计参数。鉴于专业液压仿真软件人机交互性差，可视化参数交互模块也是必要的组成部分。多核 CPU 并行优化方法的框架如图 3.1 所示。

主要模块包括：

（1）可执行程序，C 语言程序具有较高的运行效率，因此由 C 代码生成。由专业仿真软件建立模型，得到脱离平台单独运行的可执行程序。

（2）群体智能算法参数分配模块，每一个单独运行的程序就是一个优化粒子，即一组设计变量。读取多个进程生成的目标函数和约束条件情况，然后重新分配设计参数。

(3)可视化参数交互模块。鉴于专业仿真软件人机交互性差、专业化程度高,参数输入和结果显示较为烦琐,故人机交互界面尽量追求操作简洁。

(4)多核并行优化控制模块,其作用是开启多进程计算。因 Dos 可执行文件运行后无法返回及时通知群体智能优化算法的参数分配模块,故多进程并行模块实时监控每一轮迭代是否结束,必须在一轮迭代所有粒子完成计算后才能进行下一步参数调整,否则因数据文件不能共享会造成错误。

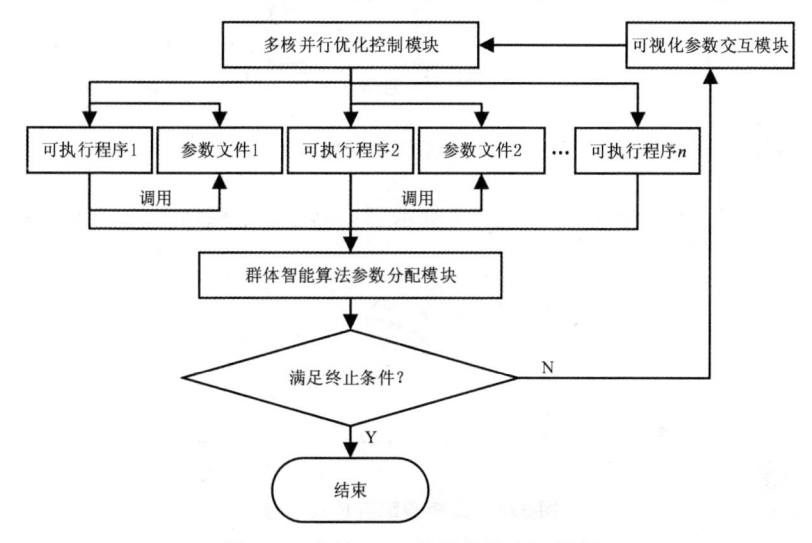

图 3.1 多核 CPU 并行优化方法框架

3.2 基于多核 CPU 的非对称泵配流盘优化设计

3.2.1 非对称泵配流盘结构

非对称泵(VAPP)可用于势能回收,作为一种新型动力元件,实验中存在较大的流量脉动和压力冲击,其配流盘三角槽结构有待优化和改进[117-119]。非对称泵的结构如图 3.2 所示。

景健对非对称轴向柱塞泵配流盘建模时[120],将三角槽结构配流面积的变化过程分成腰型孔变化区域和三角槽变化区域,并对非对称泵物理样机进行了实验。实验结果表明该方法能够合理模拟非对称轴向柱塞泵配流面积。

因此,本章采用该方法对非对称泵建模。

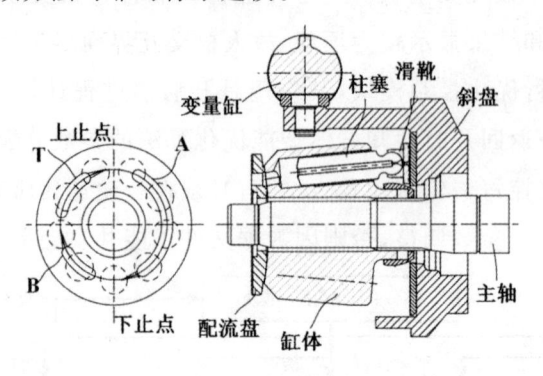

图 3.2 非对称泵结构

三角槽配流过程划分如图 3.3 所示,具体配流面积计算方法如下所示。

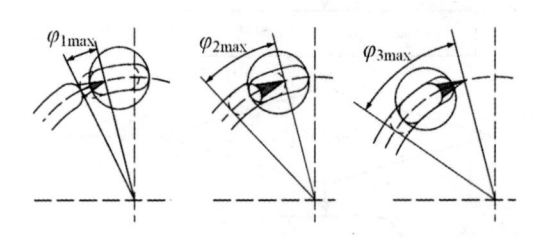

图 3.3 三角槽配流过程划分

(1)加速增大阶段($0<\varphi\leqslant\varphi_{1\max}$)。在加速增大阶段,柱塞腔底孔仅与三角槽部分连通。配流面积定义为位于柱塞腔底孔与三角槽相交处的三角槽顶面所包围的面积。图 3.4 所示为三角槽的结构,其中 φ 为转角,l 为三角槽宽度,L 为三角槽长度,R 为配流腰形槽的半径,可计算得到柱塞腔底孔与三角槽之间的配流面积为

$$A_1(\varphi) = \frac{R^2 l \varphi^2}{2L} \tag{3-1}$$

(2)稳定阶段($\varphi_{1\max}<\varphi\leqslant\varphi_{2\max}$)。在稳定阶段柱塞腔底孔与配流盘三角槽完全接通,配流面积为

$$A_2(\varphi) = \frac{R^2 l \varphi_{1\max}^2}{2L} \tag{3-2}$$

(3)加速减小阶段($\varphi_{2\max}<\varphi\leqslant\varphi_{3\max}$)。在加速减小阶段,柱塞腔底孔与三角槽部分接通,配流面积为

$$A_3(\varphi) = \frac{R^2 l}{2L}[\varphi_{1\max}^2 - (\varphi - \varphi_{2\max})^2] \tag{3-3}$$

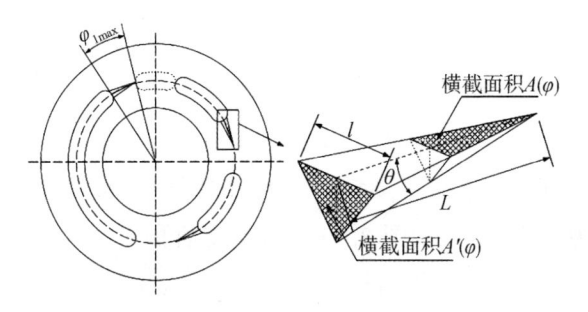

图 3.4 配流盘三角槽结构

腰型孔变化区域内的配流面积分为弓形增大、线性增大、稳定、线性减小和弓形减小，腰型孔配流过程划分如图 3.5 所示。

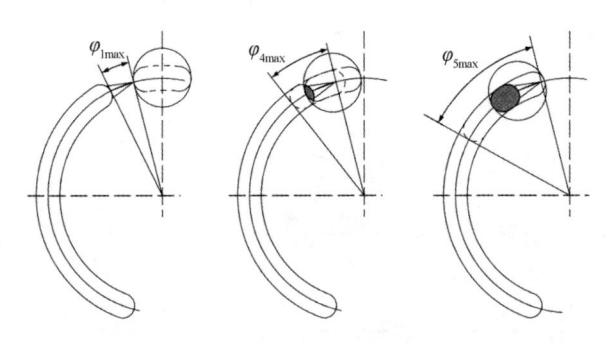

图 3.5 腰型孔配流过程划分

(1) 弓形增大阶段 ($\varphi_{1\max} < \varphi \leqslant \varphi_{4\max}$)。柱塞腔底孔与腰型孔接通，其配流面积形状为弓形，如图 3.5 所示。配流面积为

$$A_2 = 2(S_{\sec} - S_\triangle) = 2r^2 \arccos\left(\frac{R}{r}\sin\frac{\varphi'}{2}\right) - 2R\sqrt{r^2 - R^2\sin^2\frac{\varphi'}{2}} \cdot \sin\frac{\varphi'}{2} \tag{3-4}$$

式中：

$$\varphi' = \varphi_{4\max} - \varphi \tag{3-5}$$

$S_{\sec}$ 为柱塞腔底孔与腰型孔形成的扇形面积；$S_\triangle$ 为扇形面积中包含的三角形面积；r 为腰形槽半径。

(2) 线性增大阶段 ($\varphi_{4\max} < \varphi \leqslant \varphi_{5\max}$)。此时柱塞腔底孔与配流盘腰型孔

之间的重叠面积轮廓为腰形轮廓。其配流面积为

$$S_3 = \pi R^2 + 2Rr(\varphi - \varphi_{4\max}) \quad (3-6)$$

(3)稳定阶段（$\varphi_{5\max} < \varphi \leqslant \varphi_{6\max}$）。柱塞腔底孔与配流盘腰型孔完全连通，腰型孔配流过程划分如图 3.6 所示，配流面积为

$$S_3 = \pi r^2 + 2Rr(\varphi_{5\max} - \varphi_{4\max}) \quad (3-7)$$

(4)线性减小阶段（$\varphi_{6\max} < \varphi \leqslant \varphi_{7\max}$）。配流面积形状仍为腰型孔轮廓，但其变化趋势为线性减小，如图 3.6 所示，配流面积为

$$S_3 = \pi r^2 + 2Rr(\varphi_{7\max} - \varphi) \quad (3-8)$$

(5)弓形减小阶段（$\varphi_{7\max} < \varphi \leqslant \varphi_{8\max}$）。柱塞腔底孔与配流盘重叠面积轮廓变为弓形，如图 3.6 所示，配流面积为

$$A_2 = 2(S_{\sec} - S_\triangle) = 2r^2 \arccos\left(\frac{R}{r} \cdot \sin\frac{\varphi'}{2}\right) - 2R\sqrt{r^2 - R\sin^2\frac{\varphi'}{2}} \cdot \sin\frac{\varphi'}{2} \quad (3-9)$$

式中：

$$\varphi' = \varphi - \varphi_{7\max} \quad (3-10)$$

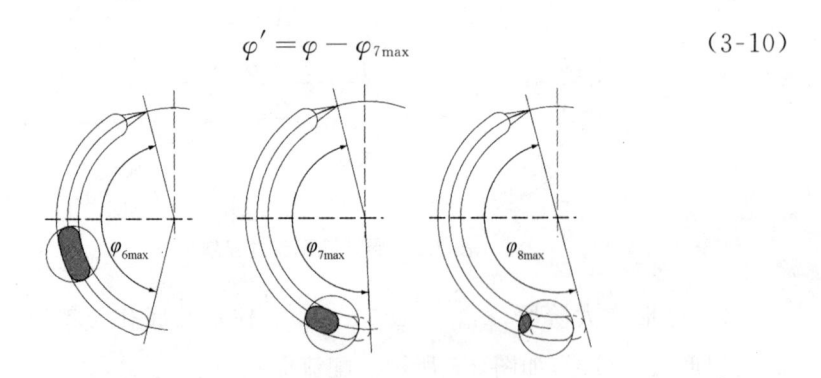

图 3.6 腰型孔配流过程划分

3.2.2 实验验证三角槽模型和 CVODE 求解器的正确性

1.脱离软件平台的非对称泵 CVODE 求解器可执行文件

在 SimulationX 软件中建立非对称泵变量机构仿真模型如图 3.7 所示。SimulationX 软件采用物理对象建模方法，且能提供模型导出代码功能，SimulationX 模型能以 C 代码形式导出，导出时可选择定步长求解器和 COVDE 求解器。导出的 C 代码可生成独立的后缀名为 exe 的 CVODE 可执行程序，

同时生成具有固定文件名及文件类型的模型参数文件(parameters.txt)、仿真控制参数文件(solversettings.txt)和仿真结果文件(Outputs1.txt)。所生成的 Dos 可执行文件能够在 Windows 操作系统下运行,不需要安装 SimulationX 软件平台就可以运行。通过 VC++ 自动执行 CVODE 仿真程序的调用函数为

ShellExecute(NULL,"open","CVODE.exe",NULL,NULL,SW_SHOWNORMAL);

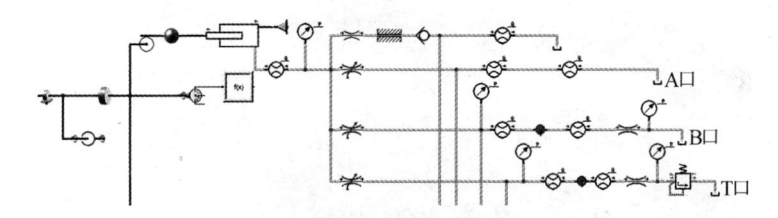

图 3.7 非对称泵的 SimulationX 仿真模型

根据 SimulationX 软件中非对称泵模型,导出 C 代码。VC++ 6.0 通过 Open Workspace 打开 C 代码中后缀名为 dsw 的文件,编译生成 CVODE 求解器的 Dos 可执行文件,CVODE 仿真程序如图 3.8 所示。

图 3.8 CVODE 仿真程序

2.实验验证三角槽模型和 CVODE 求解器的正确性

通过样机实验验证 CVODE 求解器的 Dos 可执行程序仿真的准确性。实验过程所使用的设备参数见表 3.1,图 3.9 为非对称泵样机照片和实验方案[18-20]。实验和仿真条件设置为:非对称泵转速为 600 r/min,B 口和 T 口加载压力分别取 5 MPa、10 MPa、15 MPa 和 20 MPa。当对 B 口进行加载,且 T 口不加载时,B 口在 4 个不同压力等级下,样机实验和仿真结果如图 3.10 所示。从图 3.10(a)可知仿真与实验结果基本吻合,B 口的压力脉动随着加载压力的提高而增大,总体脉动幅值仍然较小。当对 B 口和 T 口同时加载压力时,B 口和 T 口分别在四种压力情况如图 3.10(b)和(c)所

示。仿真结果和实验结果基本一致,B口和T口的工作压力呈现一定周期性波动,且T口压力脉动幅值略大于B口。通过实验验证,结果表明压力实测和CVODE可执行程序得到的仿真曲线吻合度较高。

(a)非对称泵样机

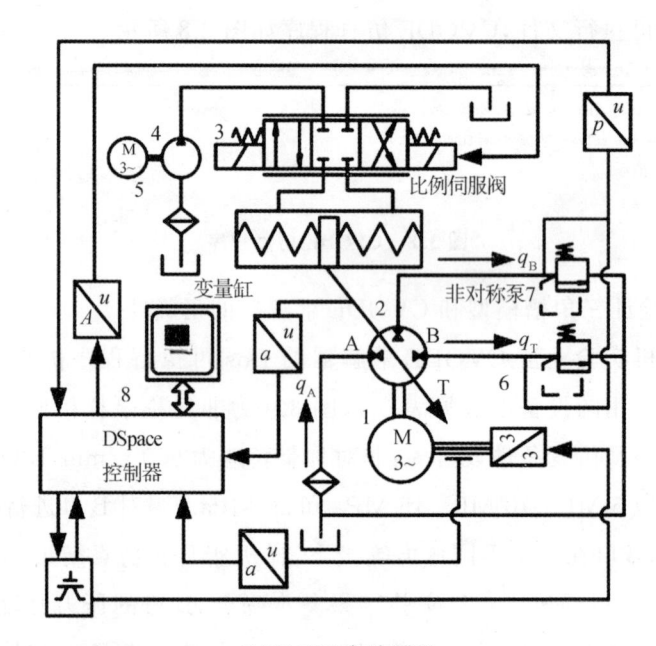

(b)VAPP实验原理

图3.9 非对称泵样机和实验方案

◇ 第3章 基于多核CPU的复杂液压产品快速并行优化方法 ◇

表3.1 实验设备参数

部件	类型	参数
角位移传感器	CP-2UK-R260型	检测±30°内的角度
比例伺服阀	4WRPEH6C4B12L型	最大输出流量为12 L
流量压力传感器	SCLV-PTQ-300型	最大流量为300 L/min
直动式溢流阀	DBDS6P10B/315型	最大调定压力为31.5 MPa

(a) B口单独加载

(b) B口和T口同时加载

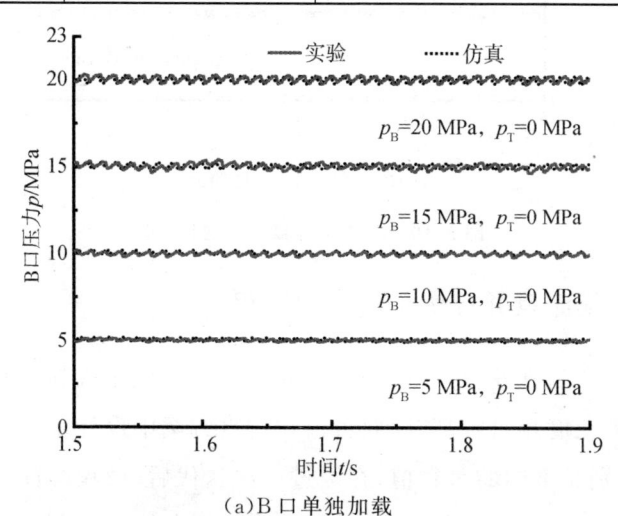

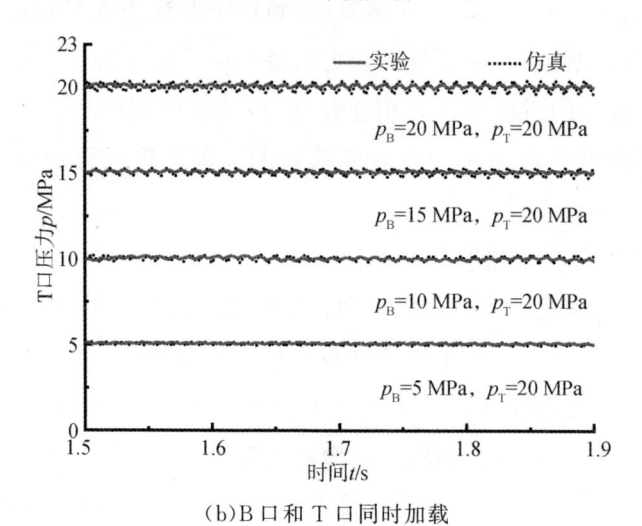

图3.10 实验和仿真结果对比

(c)B口和T口同时加载

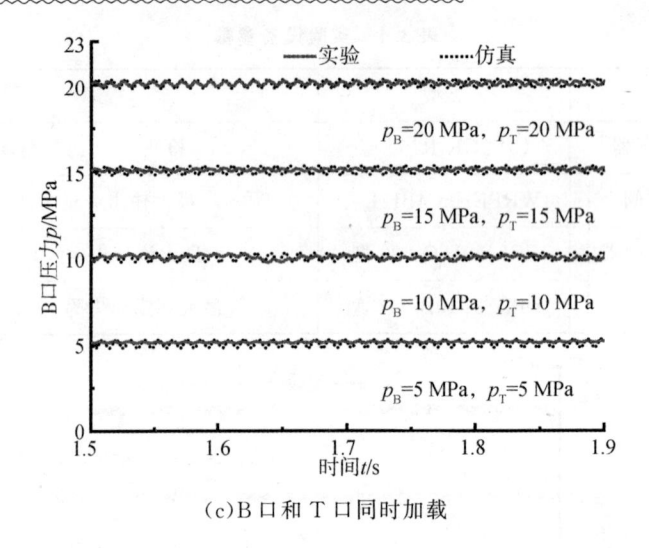

图 3.10　实验和仿真结果对比(续)

3.2.3　配流盘并行优化的实现过程

针对液压产品开发特点,设计了一种多核并行优化机制。非对称轴向柱塞泵的模型复杂度相对较高,因此可以在仿真方案中设计多个可独立运行的仿真程序,分别赋不同的参数值,在经过一次迭代后,微粒群算法优化器能从输出文件 output.txt 中获取计算结果,得到粒子群算法所需的目标函数适应值和约束条件判断结果,粒子群算法更新每个粒子的参数。粒子群算法具有并行性,每个粒子的适应值计算相互独立,因此能够同时多进程并行运行多个可执行程序,可实现提高计算效率的目的。多进程运行的启动方式借助 Shell Execute 函数实现。

1.三角槽优化参数选取

三角槽长度和宽度对流量脉动和柱塞腔压力具有较大的影响,鉴于三配流口的配流槽尺寸限定,三角槽长度优化的空间较小,因此选取三角槽宽度作为设计变量。为研究三角槽宽度对 B 口和 T 口流量脉动影响,选取不同的三角槽宽度进行仿真,分别取三角槽宽度为 1 mm 和 3 mm 进行仿真。由图 3.11(a)可知,随着 B 口三角槽宽度变小,B 口流量脉动变小;由图 3.11(b)可知,随着 T 口三角槽宽度变小,T 口流量脉动变小;由图 3.11(c)可知,随着 B 口和 T 口三角槽宽度变小,柱塞腔压力变大。在非对称泵设计中,要求泵出口流量脉动较小,同时也要求柱塞腔压力较小,但流量脉动较小和柱塞腔压力较小的要求存在冲突,因此,本节提出通过改变 B 口和 T 口三角槽宽度,在限制最大柱塞腔压力的同时,达到出口 B 和 T 的流量脉动值最优化。

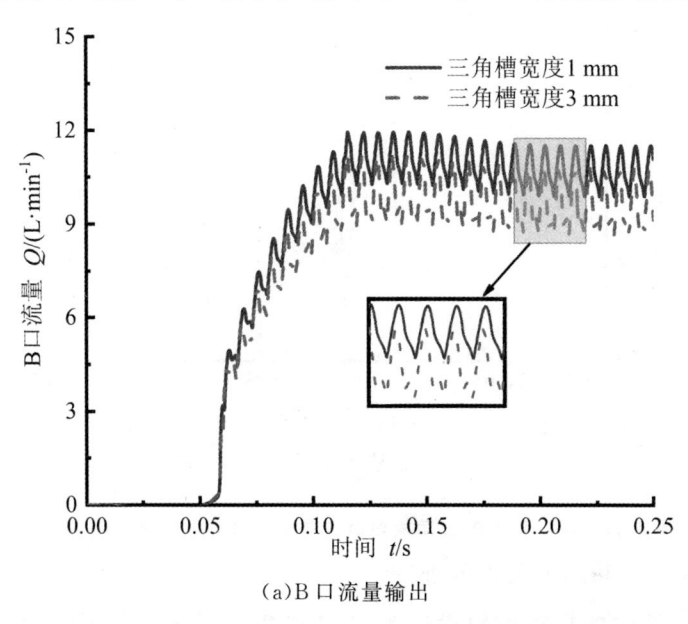

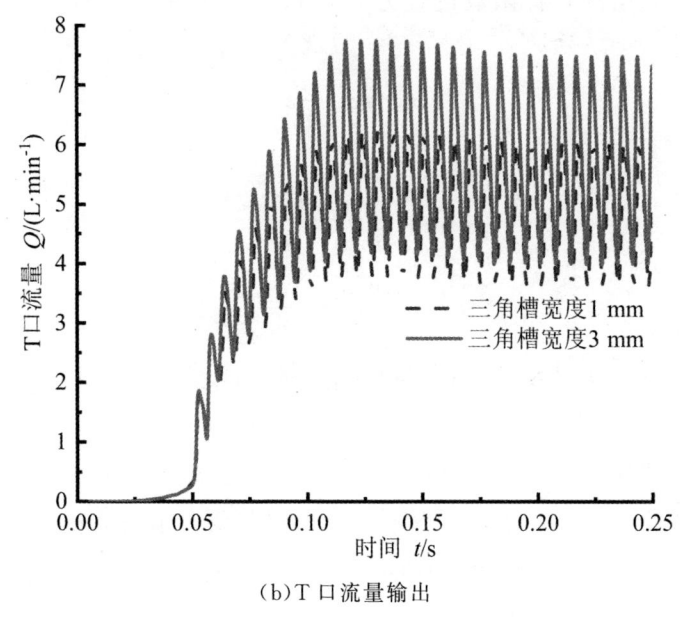

(a)B 口流量输出

(b)T 口流量输出

图 3.11　不同宽度的三角槽对流量脉动和柱塞腔压力的影响

(c)柱塞腔压力

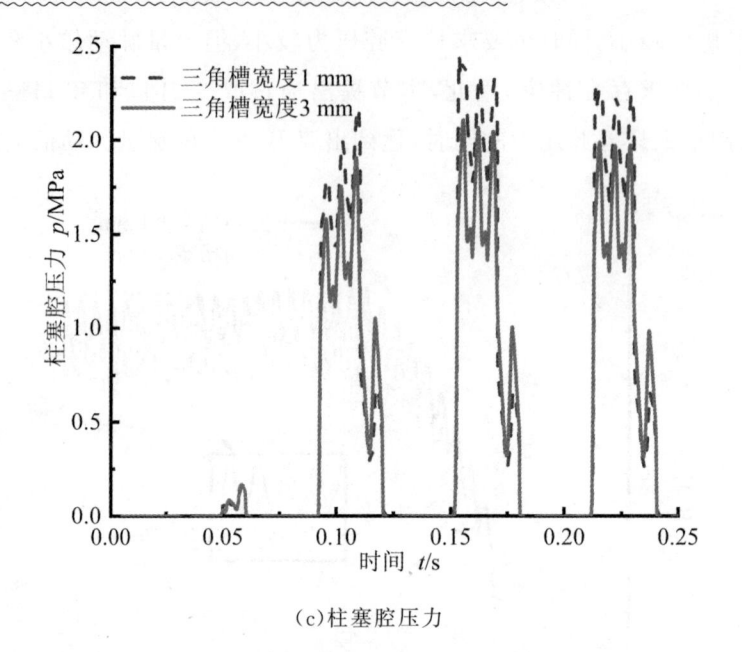

图 3.11　不同宽度的三角槽对流量脉动和柱塞腔压力的影响(续)

2.目标函数和约束条件的处理

粒子群算法的目标函数设置为 B 口和 T 口的流量脉动率之和,即目标函数:

$$\sigma_{all} = \sigma_B + \sigma_T \quad (3-11)$$

式中:

$$\sigma_B = \frac{2(q_{Bmax} - q_{Bmin})}{q_{Bmax} + q_{Bmin}} \quad (3-12)$$

$$\sigma_T = \frac{2(q_{Tmax} - q_{Tmin})}{q_{Tmax} + q_{Tmin}} \quad (3-13)$$

式中:q_{Bmax}、q_{Tmax} 分别为 B 口、T 口最大流量;q_{Bmin}、q_{Tmin} 分别为 B 口、T 口最小流量。

优化设计变量分别为三角槽 B 口和 T 口的宽度 l_B 和 l_T,如图 3.12 所示。约束条件为柱塞腔最大压力不得大于限制值。本研究提出一种约束条件处理策略,通过三个规则处理约束条件。基于粒子群算法的非对称泵多核并行优化框图如图 3.13 所示。

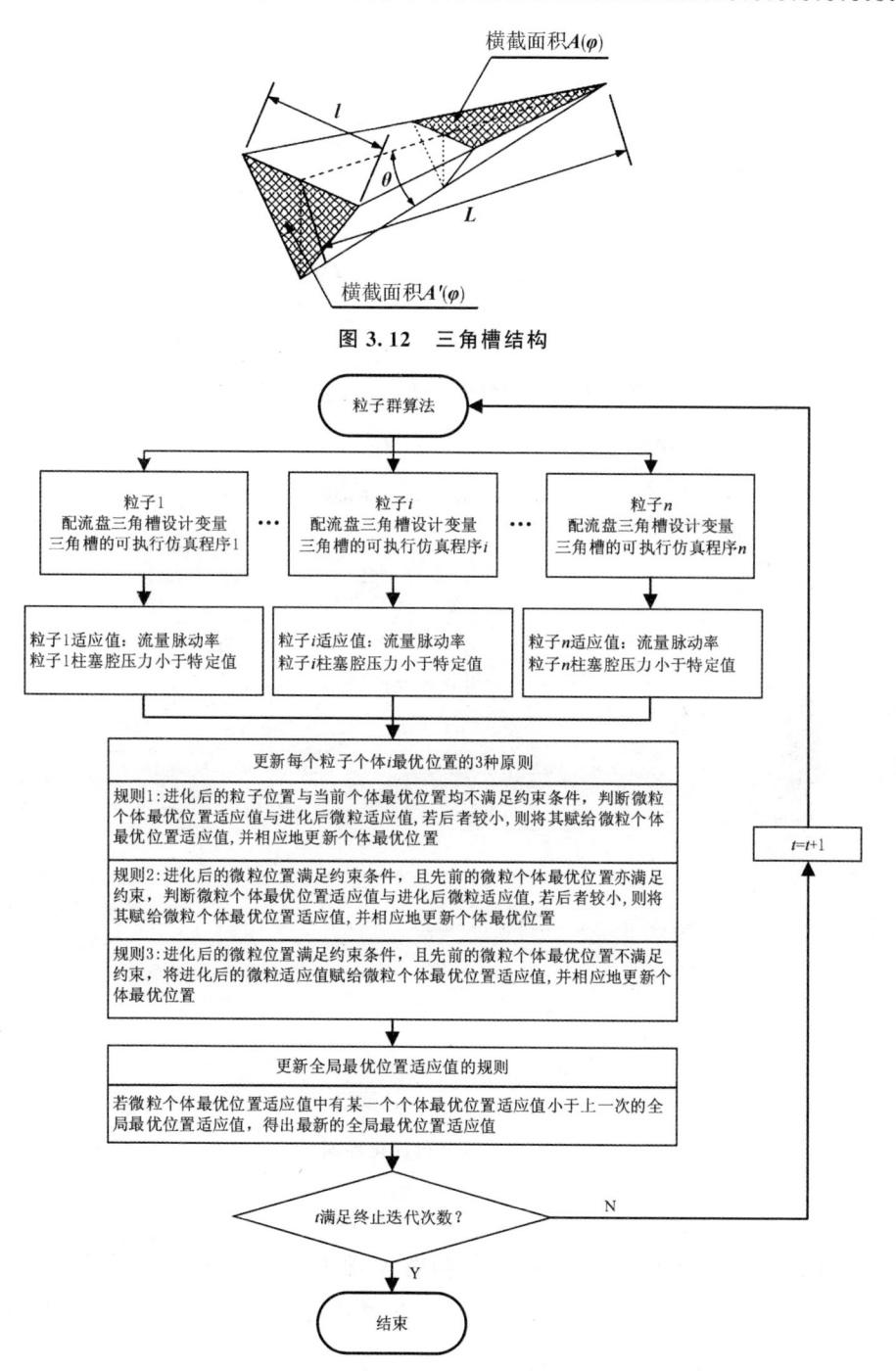

◇ 第3章 基于多核CPU的复杂液压产品快速并行优化方法 ◇

图3.12 三角槽结构

图3.13 基于粒子群算法的非对称泵多核并行优化框架

3.三角槽多核并行优化对比

利用 VC++软件进行 SimulationX 软件的二次开发,编制出友好的人机交互界面,如图 3.14(a)所示,多进程并行优化界面如图 3.14(b)所示,设定仿真时间 0.6 s。

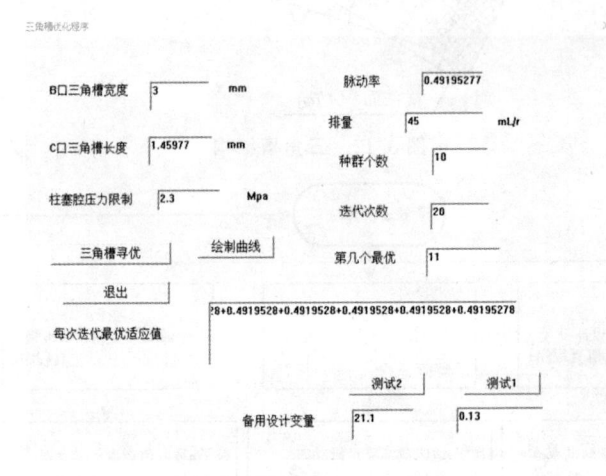

(a)可视化界面

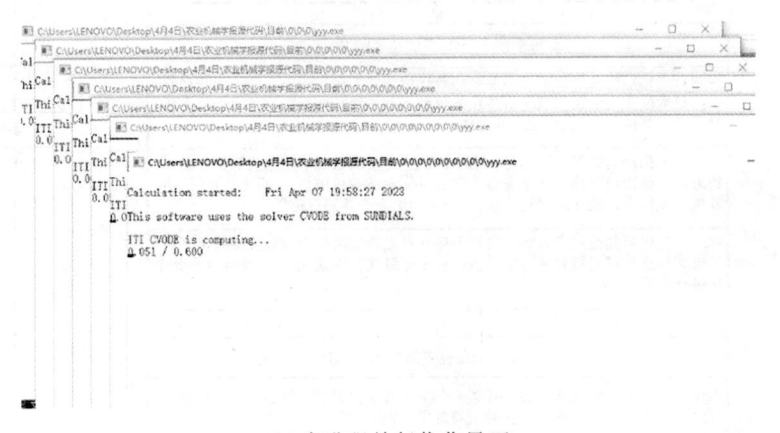

(b)多进程并行优化界面

图 3.14 二次开发界面

优化前配流盘 B 口和 T 口三角槽宽度均为 2 mm,流量脉动率之和为 0.763 268,柱塞腔压力为 2.3 MPa。在 20 轮迭代过程中,约束条件设为柱塞腔压力为 2.3 MPa,优化后 B 口和 T 口三角槽宽度分别为 3 mm 和 1.46 mm,B 口和 T 口脉动率之和下降为 0.491 952 78,即柱塞腔压力不变的情况下,通过优化三角槽宽度尺寸使出口脉动率降低了36%。排量为45 mL/r时20次迭代过程脉动率变化趋势如图3.15所示,优化后流量和压力如图3.16(a)和3.16(b)所示。

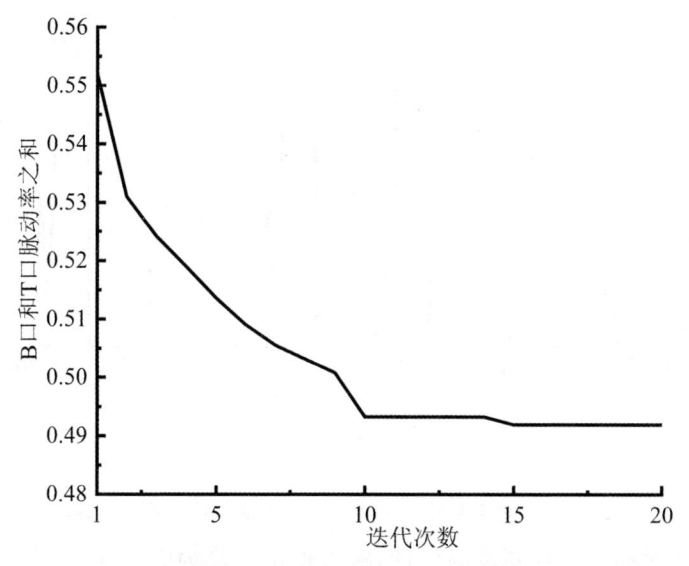

图3.15 20次迭代过程脉动率变化趋势

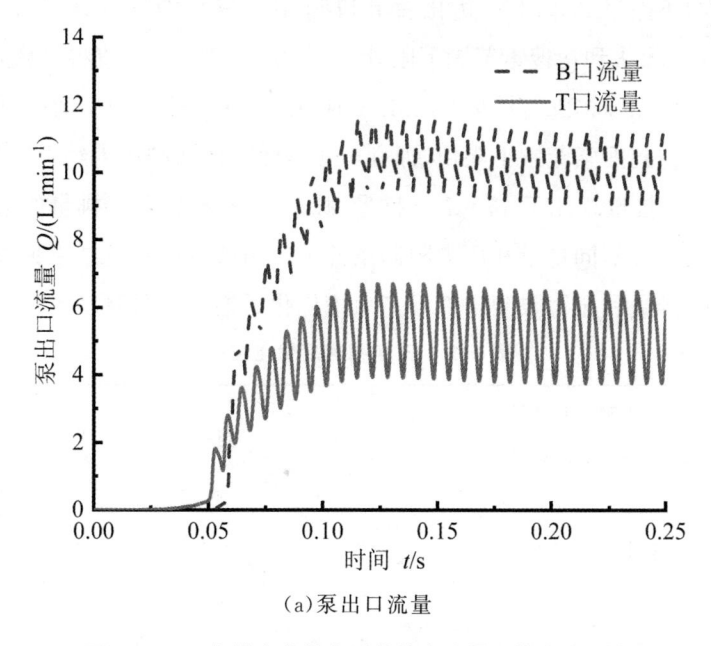

(a)泵出口流量

图3.16 三角槽参数优化后的输出流量和柱塞腔压力

(b)柱塞腔压力

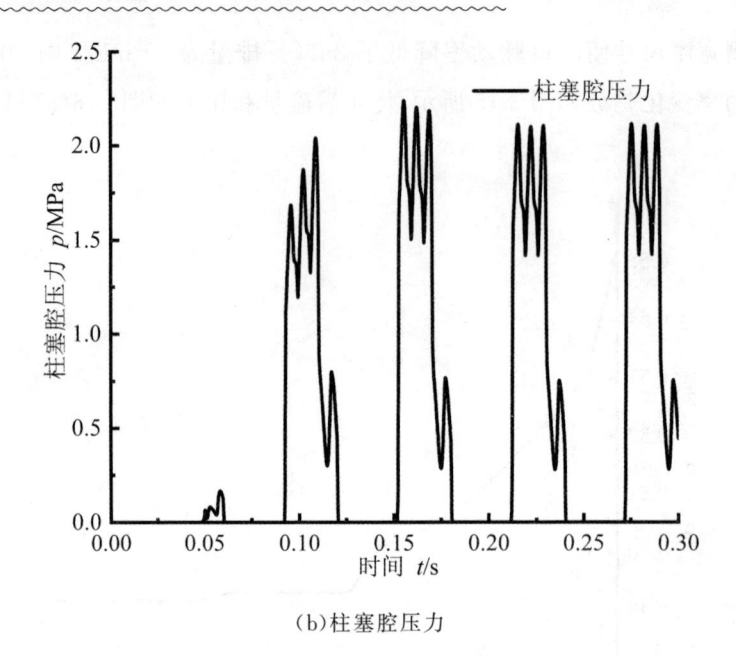

图 3.16 三角槽参数优化后的输出流量和柱塞腔压力(续)

对于非对称轴向柱塞泵的设计,输入设定排量为 55 mL/r,约束条件设定柱塞腔压力不超过 2.3 MPa,优化后 B 口和 T 口三角槽宽度分别为 1.24 mm 和 2.62 mm,无法到达搜索范围下限,因为三角槽宽度下限值将导致柱塞腔压力大于许可值 2.3 MPa。排量 55 mL/r 时,在 5 MPa 柱塞腔压力限制条件下,三角槽宽度达到搜索范围下限值,即 0.5 mm,此时柱塞腔压力约束条件不起作用。55 mL/r 排量相比于 45 mL/r 排量,脉动率下降,即随着排量的增加,泵出口脉动率变小。不同排量和压力限制条件下三角槽宽度优化结果见表 3.2。图 3.17 为不同排量和压力限制条件下三角槽优化后输出流量脉动率。

表 3.2 三角槽宽度优化结果

排量/(mL·r^{-1})	限制压力/MPa	脉动率	B 口三角槽宽度/mm	T 口三角槽宽度/mm
45	2.3	0.491 952	3	1.46
55	2.3	0.480 245	1.24	2.26
55	5	0.254 007	0.5	0.5

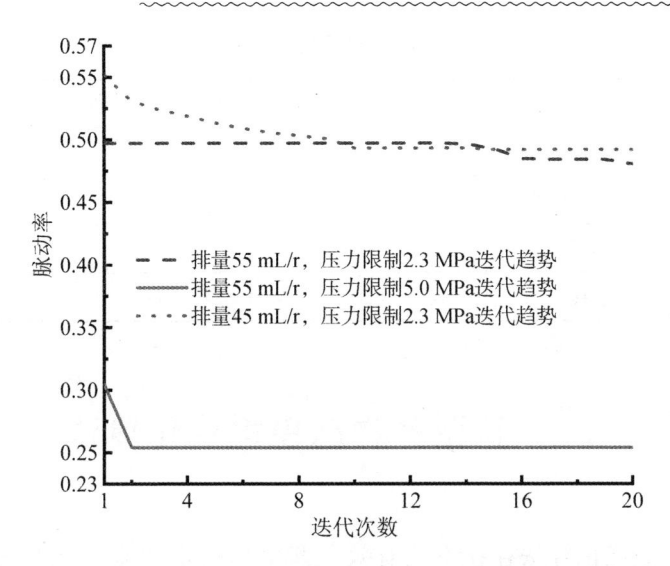

◇ 第3章 基于多核CPU的复杂液压产品快速并行优化方法 ◇

图3.17 不同排量和压力限制条件下三角槽优化后输出流量脉动率

4.不同核心数目的处理器对运行速度的影响

设置并行优化进行20次迭代,每轮迭代同时并行执行10个仿真程序,共计执行200次Dos仿真程序。工作站主要参数如表3.3所示,仿真耗时对比见表3.4。对于配置A,Intel(R) Core(TM) i7-10700F是具有8核16线程的处理器,理论上该处理器相比单个exe至少可提高4倍效率,实际提高效率为7倍左右,基本符合理论上提升效率;对于配置B,具有2核处理器,理论上该处理器相比单个exe至少可提高2倍效率,实际提高效率约为2.5倍,基本符合理论提升效率。8核处理器i7-10700F对比双核处理器i5-7200U提升约5倍效率。并行优化性能与核心数基本成正比,但也与仿真时所用计算机的实际性能相关。

表3.3 工作站主要性能参数

运行环境	操作系统	处理器	内存/GB
配置A	Windows 10 X64	Intel(R) Core(TM) i7-10700F CPU@2.9 GHz	16.00 GB
配置B		Intel(R) Core i5 7200UCPU@2.7 GHz	8.00 GB

表 3.4 仿真耗时对比

配置	时间	SimulationX 3.8	单个 exe 程序	并行优化程序
配置 A	总时间/s	427	117	3 180
	单个耗时/s	427	117	15.9
配置 B	总时间/s	510	200	15 600
	单个耗时/s	510	200	78

3.3 新型多物态模拟优化算法

针对智能优化算法存在不能有效平衡全局搜索性能和局部搜索性能的问题,本节提出一种新型群体智能优化算法。该优化算法借鉴了有限元物态模拟的思想,模拟固、液、气三种基本物态并制订了多种不同的复合物态模式,即种群个体在不同迭代阶段遵循多种运动规则,避免种群个体遵循单一规则时不能有效平衡全局搜索性能和局部搜索性能的问题。拟态物理算法(APO)和万有引力算法(GSA)属于基于力和质量的优化算法类型。根据牛顿第二定律,质量在力的作用下会产生位移,拟态物理算法(APO)和万有引力算法(GSA)就是利用这种规律更新群体个体的位置来寻找函数的最优解。另外,在有限元方法中刚度和力也会引起的节点位移,可以将该方法引入到群体智能优化算法的个体位置更新策略中,且可以借鉴有限元方法中刚度的概念来模拟多种物质状态。不同的物质状态对应群体个体不同的运动规则,即不同的搜索策略。本节提出用有限元方法中刚度概念来取代拟态物理算法(APO)和万有引力算法(GSA)中的质量概念,并通过刚度概念模拟多种物态,分别从拟态物理算法(APO)和万有引力算法(GSA)两种不同的力学规则出发,研究新型多物态模拟优化算法的性能。

3.3.1 有限元方法与基于种群的优化算法的映射关系

1.有限元方法简介

有限元方法是重要的数学模拟技术之一。有限元方法是用较简单的问题代替复杂问题后再求解。它将求解域看成是由许多称为有限元的小的互连子域组成,对每一单元假定一个合适的(较简单的)近似解,然后推导问题应满足的条件(如结构的平衡条件),从而得到问题的解[121]。实际问题被较简单的问题所代替,得到的解是问题的近似解。由于大多数实际问题难以得到准确解,而有限元方法不仅计算精度高,而且能适应各种复杂形状,因而成为行之有效的工程分析手段。有限元方法被广泛应用到模拟物质应用方法包括固体力学、流体仿真等[122-123]。

典型的有限元分析大致经过四个步骤[124]。第一步,将整个结构划分为单元,并给出单元和节点的编号。第二步,建立基于节点位移的单元刚度矩阵和力向量。第三步,在建立单元刚度矩阵后,进行整体刚度矩阵的组装,建立整体刚度方程。第四步,应用约束和求解方程的阶段。有限元方法流程如图3.18所示。该结构由 n 个不同几何尺寸的杆件组成,并受到集中力作用。

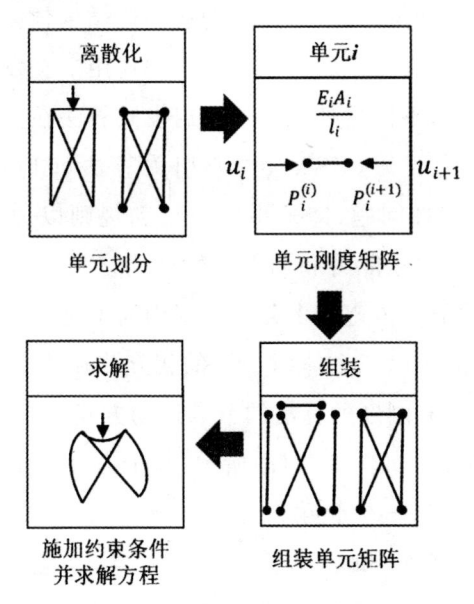

图 3.18 有限元方法流程

(1)划分单元和节点编号。

(2)单元刚度矩阵。

单元 $i(i=1,2,\cdots,n)$ 的刚度方程为

$$\overline{\pmb{K}}^{\mathrm{e}} \cdot \overline{\pmb{q}}^{\mathrm{e}} = \overline{\pmb{P}}^{\mathrm{e}} \qquad (3\text{-}14)$$

式中:$\bar{K}^e$ 为单元刚度矩阵;$\bar{q}^e$ 为单元位移向量;$\bar{P}^e$ 为单元节点受力向量。

(3)组装单元刚度矩阵,并形成整体刚度方程:

$$K \cdot q = P \tag{3-15}$$

式中:K 为整体刚度矩阵;q 为整体位移向量;P 为整体节点力向量。

(4)处理边界条件和求解整体刚度方程。

当边界条件为 $u_n = 0$,消去刚度方程中的第 n 行和第 n 列。求解刚度方程,得到所有节点位移 $[u_1 u_2 u_3 \cdots 0]^T$。

2.有限元方法与基于种群的优化算法的映射关系

本节提出的多物态模拟算法是有限元方法在优化算法领域内的一种应用。以刚度概念取代万有引力算法(GSA)和拟态物理算法(APO)中的质量概念。万有引力算法(GSA)、中心引力算法(CFO)和拟态物理算法(APO)都属于基于虚拟力和质量概念的启发式算法。问题可行域中的解被视为具有位置、质量、速度和动量的粒子,粒子的运动遵循牛顿第二定律。虚拟力使种群个体运动,如同具有质量的粒子在外力的作用下会发生运动。虚拟力的定义类似于万有引力,不同之处在于这些启发式算法在力和引力系数等方面有所不同。万有引力算法(GSA)、中心引力算法(CFO)和拟态物理算法(APO)都存在一个共性问题,即采用单一运动规则以力和质量定义的算法不能有效地平衡全局搜索能力和局部搜索能力。借鉴有限元方法模拟物质状态的特性,可使种群个体遵循多种运动规则而不是单一运动规则。

在二维搜索空间中以三个体(粒子)的相互作用力为例来说明基于力和质量的算法和基于力和刚度的算法的节点运动方式,二维搜索空间的优化算法原理如图 3.19 所示。如图 3.19(a)所示,基于力和质量的 APO 和 GSA 算法引起的粒子运动可以从牛顿第二定律理解[125]。在多物态模拟算法框架中,刚度概念代替了 APO 和 GSA 算法的质量概念,基于力和刚度位移算法的搜索空间如图 3.19(b)所示。有限元方法中的节点可对应到基于力和质量的算法中的个体。任意两个节点构成一个杆单元,根据目标函数适应值计算出作为杆单元的刚度系数 K_{i1} 和 K_{i2}。

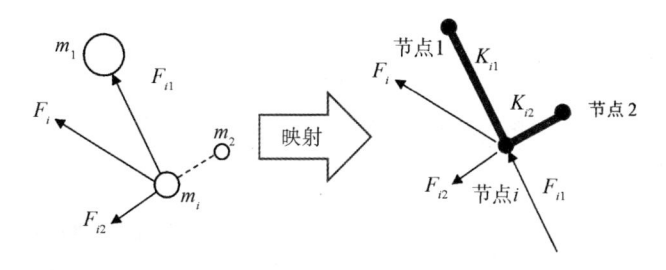

(a) 基于力和质量的算法　　　(b) 基于力和刚度的算法

图 3.19　二维搜索空间的优化算法原理

单元刚度矩阵是有限元方法中描述物质状态的一种基本方式。有限元思想提供了一种新的途径来解决优化问题,即由刚度产生位移可等效由质量产生运动。有限元方法的节点对应于优化算法的粒子,受到力作用的节点将根据单元刚度方程产生位移。建立的节点刚度矩阵与优化目标函数的适应度之间存在映射关系,优化算法的搜索策略也对应到有限元方法的节点受力规律。有限元方法与基于力和质量的优化算法的映射关系如表 3.5 所示。多物态模拟算法借鉴有限元方法模拟物态的能力,设计了三种不同的基本物质状态,分别对应三种不同的运动规则。通过设置单元刚度矩阵的性质,能够使节点进入固体、气体和液体三种状态之一。①固体状态:个体的固体状态使个体之间刚度增大,能提高种群的多样性,以避免过早收敛。相比液体和气体状态,固体原子不容易移动。多物态模拟算法中的固态是将粒子群中过多聚集的粒子转化为固态,避免粒子群中过多聚集的粒子靠得太近。固态的具体实现方法是给刚度矩阵的非对角系数设定负值。②气体:气体与固体正好相反,即在气体状态下,节点运动被激发或强化。气体状态的具体实现方法是将刚性矩阵的非对角系数赋值为特定的正值。③液体(基本 APO 和 GSA):节点运动互不相关。液体的实现方法是对刚度矩阵的非对角系数赋零。需要注意的是,为了降低算法复杂度,液体单元不需要通过单元矩阵来计算,也不需要形成整体刚度方程。从本质上讲,液态个体属于基本的 APO 和 GSA 算法。有限元方法的引入只涉及固体和气体两种状态。以一维杆件结构为研究对象,通过实例直观地说明非对角系数的物理意义。三种基本物质状态是通过刚度矩阵的非对角系数 k_{12} 实现的。刚度矩阵系数的物理意义用有限元法刚度方程表示,如图 3.20 所示。杆单元的一维刚度方程为

$$\begin{bmatrix} k_{11} & k_{12} \\ k_{21} & k_{22} \end{bmatrix} \begin{bmatrix} u_1 \\ u_2 \end{bmatrix} = \begin{bmatrix} p_1 \\ p_2 \end{bmatrix} \tag{3-16}$$

表 3.5 有限元方法与基于力和质量的优化算法的映射关系

有限元方法		映射	基于力和质量的优化算法	
单元节点	刚度		种群个体	适应值（APO 和 GSA 的质量）
	位移			速度
	位置			位置
相互作用力			搜索策略	
位移空间			搜索空间	
固体			促进种群多样性,避免早熟	
气体			促进个体之间运动	
液体			个体之间运动不相关	

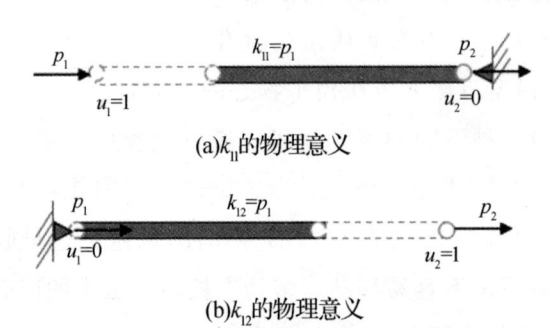

(a) k_{11} 的物理意义

(b) k_{12} 的物理意义

图 3.20 刚度矩阵系数的物理意义

根据有限元单元刚度矩阵的性质 1,当节点 i 生成单位位移,且其他节点位移均为 0,对角系数 k_{ii} 表示节点 i 所需要施加的力的值,由图 3.20(a)可知,当节点 2 的位移为零时,施加在节点 1 上的力等于 k_{11}。多物态模拟算法将任意两个节点构成一个杆单元,根据目标函数适应值计算刚度矩阵中的对角系数。在任何物质状态下,引入刚度函数 $k_{ii} = g(f(x))$,以建立刚度系数 k_{ii} 与优化目标函数 $f(x)$ 的适应值之间的关系。

对于不同的物质状态,非对角线系数的符号可以设置为正、负或零。根据有限元单元刚度矩阵的性质[121],非对角线系数 $k_{ij}(i \neq j)$ 表示当节点 j 产生单位位移时,对节点 i 施加的力的值,此时其余节点位移为 0。如图 3.20

(b)所示,节点2产生单位位移时,节点1位移为0时,节点1需要施加的力等于k_{12}。

在固体状态下,k_{12}的符号应为负,即节点2的位移和作用在节点1上的力方向相反。固体状态是指杆单元的任意一个节点产生力来抵抗另一个节点的位移。节点1的运动需要克服节点2的阻力,反之亦然。根据多物态模拟算法,当一个维度上两个节点的距离太近时,由这两个节点构成的杆单元在此维度上进入固体状态。

相反,在气体状态下k_{12}的符号为正,这是因为节点2的位移方向与作用在节点1上的力方向一致。气体状态是指杆单元的任意一个节点产生力来促进另一个节点的位移。根据多物态模拟算法,在迭代结束时,由于两个节点之间的距离太近,无法产生足够大的力来逃离局部极小值,因为力与节点的距离成正比。因此,多物态模拟算法通过保证力和位移方向的一致性来促进运动。

将一维问题的处理方法推广到多维问题。根据n维优化问题,单元的刚度方程(3-17)描述如下:i,j为节点编号;$k_{z,z+n}(z=1,2,\cdots,n)$为节点$i(j)$在第$z$维方向上产生单位位移时所需要施加的力值,其余节点位移为0。$k_{z,z+n}$赋正值、$k_{z,z+n}$赋负值和$k_{z,z+n}$赋零值时分别对应于气体、固体和液体。根据有限元方法原理,单元刚度矩阵是对称的,整体刚度矩阵是一个稀疏对称矩阵$\boldsymbol{K}_{ij}$:

$$\boldsymbol{K}_{ij} = \begin{matrix} 1 & 2\cdots & n & n+1 & n+2\cdots & 2n \\ \downarrow & \downarrow & \downarrow & \downarrow & \downarrow & \downarrow \end{matrix} \begin{bmatrix} k_{ii} & \cdots & 0 & k_{1,1+n} & \cdots & 0 \\ \vdots & \ddots & \vdots & \vdots & \ddots & \vdots \\ 0 & \cdots & k_{ii} & 0 & \cdots & k_{n,2n} \\ k_{1+n,1} & \cdots & 0 & k_{jj} & \cdots & 0 \\ \vdots & \ddots & \vdots & \vdots & \ddots & \vdots \\ 0 & \cdots & k_{2n,n} & 0 & \cdots & k_{jj} \end{bmatrix} \quad (3-17)$$

本节分别对基于APO和GSA的两种算法进行研究。在某种程度上,多物态模拟算法是对APO和GSA算法的改进。然而,用基于质量的算法理论

(APO 和 GSA)来解释改进理论并不总是容易的,因为从质量概念转换到刚度概念也可以认为是一种新的算法。该算法具有模拟物质多态的全新机制。在算法框架中,液态是基本服从 APO 或 GSA 算法规则的个体。与液态相比,固态倾向于保持距离,而气态则容易扩散。迭代过程中始终存在液体状态(APO 或 GSA),因此该算法的收敛性能够得到保证。通过单元刚度方程实现群体个体的固体状态和气体状态。为了降低算法复杂度和运行时间,多物态模拟算法限制处于固体和气体状态的个体数量和迭代阶段。液态的个体数量(基本 APO 或 GSA 算法)应比固态和气态的个体多。

3.3.2　基于力和质量的启发式算法简介

拟态物理优化(APO)、中心力优化算法(CFO)和万有引力优化算法(GSA)都属于由力和质量定义的算法类型。本节以拟态物理优化(APO)和万有引力算法(GSA)为研究对象,根据 APO 和 GSA 优化规则提出了两种受有限元方法启发的多物态模拟算法。以下对 APO 和 GSA 算法进行介绍。

1.拟态物理优化(APO)算法

拟态物理优化(APO)借鉴牛顿第二定律。APO 的虚拟力定律的定义类似于万有引力的定义。根据个体质量 m_i 和 m_j,虚拟力根据一定的吸引力-排斥力规则计算,最优点不受其他节点的力影响,但对其他点起相互作用,虚拟力表达式如下[126]:

$$P_{ij,k} = \begin{cases} Gm_i m_j r_{ij,k}, f(X_j) < f(X_i) \\ Gm_i m_j r_{ji,k}, f(X_j) \geqslant f(X_i) \end{cases} \forall i \neq j \text{ 且 } i \neq \text{best} \quad (3-18)$$

式中:$P_{ij,k}$ 是个体 j 对个体 i 的第 k 维作用力;$r_{ij,k} = x_{j,k} - x_{i,k}$,$x_{i,k}$ 和 $x_{j,k}$ 是个体 i 和个体 j 的第 k 维位置。

如果 $f(X_j) < f(X_i)$,$P_{ij,k}$ 表示个体 j 对个体 i 的吸引力;如果 $f(X_j) \geqslant f(X_i)$,$P_{ij,k}$ 表示个体 j 对个体 i 的排斥力。

个体的质量分别由公式(3-19)或(3-20)定义:

$$m_i = e^{\frac{f(x_{\text{best}}) - f(x_i)}{f(x_{\text{worst}}) - f(x_{\text{best}})}} \quad (3-19)$$

或

$$m_i = 1 + \text{th}\frac{f(x_{\text{best}}) - f(x_i)}{f(x_{\text{worst}}) - f(x_{\text{best}})} \tag{3-20}$$

式中：$f(x_{\text{best}})$ 为所有个体中最优适应值；$f(x_{\text{worst}})$ 为所有个体中最差适应值；$f(x_i)$ 为适应值函数值。

其他所有节点对个体 i 的第 k 维合力 $P_{i,k}$，按照以下表达式计算得到：

$$P_{i,k} = \sum_{\substack{j=1,\\ j \neq i}}^{N_{\text{pop}}} P_{ij,k} \tag{3-21}$$

在公式(3-21)中，$P_{i,k}$ 引入了随机变量 α 正态分布在 $(0,1)$ 上。更新个体速度为

$$v_{i,k}(t+1) = \omega v_{i,k}(t) + \alpha P_{i,k}/m_i \tag{3-22}$$

更新个体位置为

$$x_{i,k}(t+1) = x_{i,k}(t) + v_{i,k}(t+1) \tag{3-23}$$

惯性权重为

$$\omega = 0.9 - \frac{t}{\text{MAXITER}} \times 0.5 \tag{3-24}$$

式中：t 为迭代次数；MAXITER 为运行终止的最大迭代次数。

2.引力搜索算法(GSA)

引力搜索算法(GSA)是一种新的群智能算法，由伊朗学者 E.Rashedi 等人在 2009 年模拟自然界中最常见的引力现象时提出。在重力作用下，两个个体相互吸引。小质量的个体总是向大质量的个体移动，个体的运动遵循牛顿第二定律[127]。在个体运动时，质量越大的个体占据的位置越好，对应的适应值也越好，从而得到问题的最优解。根据质量计算虚拟力，虚拟力是用下面的引力法则计算出来的。

$$P_{ij}^k(t) = G(t)\frac{M_{pj}(t) \times M_{ai}(t)}{R_{ij}(t) + \varepsilon} \tag{3-25}$$

式中：$M_{pj}(t)$ 为第 t 次迭代时，个体 j 的惯性质量；$M_{ai}(t)$ 为被作用个体 i 的惯性质量；ε 为一个小常数；$R_{ij}(t)$ 为个体 i 和个体 j 之间的欧几里得距离。

$$R_{ij}(t) = \|X_i(t), X_j(t)\|_2 \tag{3-26}$$

式(3-25)中 $G(t)$ 为第 t 次迭代时的重力常数，其值与迭代时间有关。计算表达式如下：

$$G(t) = G_0 \times e^{-\infty \frac{t}{T}} \tag{3-27}$$

式中:G_0 为初始引力常数;T 为最大迭代次数;∞ 为 20。

其他所有节点对个体 i 的第 k 维合力 $P_i^k(t)$,其计算公式如下:

$$P_i^k(t) = \sum_{\substack{j=1,\\j \neq i}}^{N} \mathrm{rand}_j P_{ij}^k(t) \tag{3-28}$$

式中引入了 $(0,1)$ 上的均匀分布 rand_j。

加速度计算表达式为

$$a_i^k(t) = \frac{P_i^k(t)}{M_i(t)} \tag{3-29}$$

式中:$M_i(t)$ 为个体 i 的质量。

更新速度和位置的表达式如下:

$$v_i^k(t+1) = \mathrm{rand}_j \times v_i^k(t) + a_i^k(t) \tag{3-30}$$

$$x_i^k(t+1) = x_i^k(t) + v_i^k(t+1) \tag{3-31}$$

质量函数表达式定义为

$$M_i(t) = \frac{m_i(t)}{\sum_{j=1}^{N} m_i(t)} \tag{3-32}$$

式中:

$$m_i(t) = \frac{f(x_i) - f(x_{\mathrm{worst}})}{f(x_{\mathrm{best}}) - f(x_{\mathrm{worst}})} \tag{3-33}$$

3.比较 APO 和 GSA 的异同

APO 与 GSA 的相似之处在于,通过定义力和质量来使用更新速度。本质上,两种算法的相似之处是加速度。加速度在搜索最优解的过程中起着重要作用。这两种算法之间的一个主要区别在于不同个体之间相互作用规则的定义有所不同,在 GSA 框架下,两个个体相互吸引,而 APO 算法中的两个个体同时具有吸引和排斥规则,两者另一个区别是使用不同的质量函数。

3.3.3 多物态模拟优化算法框架

该算法目的是求解在有界空间上目标函数 $f(x)$ 的最小值的问题,$\min\{f(X):X \in \Omega \subset \mathbf{R}^n\}, f:\Omega \subset \mathbf{R}^n \to \mathbf{R}$,其中 $\Omega = \{X \in \Omega \mid x_k^{\min} \leqslant x_k \leqslant$

$x_k^{\max}, k=1,\cdots,n\}$ 是可行域空间。其中,n 为问题维度;$x_k^{\max}$ 为第 k 维上限值; $x_k^{\min}$ 为第 k 维下限值;$f(X)$ 为目标函数。

该算法流程包括以下步骤:①初始化;②全局刚度矩阵计算;③计算节点力;④得到位移和位置解。算法框架如表 3.6 所示。

表 3.6 算法框架

算法框架
开始
初始化种群:变形位移和位置;
参数设定:N_{pop} 为种群数量;max_length 为迭代运行最大次数;
Iteration=1;
While(不满足迭代终止条件)
Do
利用函数 $f(x)$ 计算所有个体的适合值。
计算由两个个体建立的刚度单元矩阵中的对角系数。
将个体划分为三种状态,计算由两个个体建立的刚度单元矩阵中的非对角系数。
装配单元刚度矩阵,建立全局刚度矩阵 K。
计算节点力向量 F;
解刚度方程 $KS=F$,得到位移 S,更新位置 X,最优点不更新位置。
用函数 $f(x)$ 评估所有个体适应值;
Iteration=Iteration +1;
End Do(满足迭代终止条件)
End

1)初始化种群

在初始化过程中,N_{pop} 个种群个体在 $[x_k^{\min}, x_k^{\max}]$ 内随机产生,所有个体的目标函数值由 $f(X)$ 计算。

2)计算两个个体建立的刚度矩阵

(1)计算对角系数。

当每两个个体 i 和 j 建立一个杆单元时,对角系数 k_{ii} 和 k_{jj} 可以由刚度函数 $k=g(f(x_i))$ 计算出来。可以用不同的方法定义刚度函数 $k=g(f(x_i))$。

① 遵循 APO 算法规则时,刚度函数 $g(f(x_i))$ 的表达式为

$$g_1(f(x_i)) = e^{\frac{f(x_{\text{best}}) - f(x_i)}{f(x_{\text{worst}}) - f(x_{\text{best}})}} \tag{3-34}$$

或

$$g_2(f(x_i)) = 1 + \text{th}\frac{f(x_{\text{best}}) - f(x_i)}{f(x_{\text{worst}}) - f(x_{\text{best}})} \tag{3-35}$$

② 遵循 GSA 算法规则时,刚度函数 $g(f(x_i))$ 可定义为

$$g_1(f(x_i)) = \frac{m_i(t)}{\sum_{j=1}^{N} m_i(t)} \tag{3-36}$$

其中

$$m_i(t) = \frac{f(x_i) - f(x_{\text{worst}})}{f(x_{\text{best}}) - f(x_{\text{worst}})} \tag{3-37}$$

根据函数类型,公式(3-34)和(3-35)属于凹曲线。根据刚度函数 $k_{ii} = g(f(x_i))(i=1,2,\cdots,n)$ 和 $k_{jj} = g(f(x_j))(j=n+1,\cdots,2n)$,将 k_{ii} 和 k_{jj} 赋给刚度矩阵 $\boldsymbol{K}_{ij}$ 中的对角系数,如式(3-38)所示。

$$\boldsymbol{K}_{ij} = \begin{matrix} & 1 & \cdots & n & n+1 & \cdots & 2n \\ & \downarrow & & \downarrow & \downarrow & & \downarrow \\ & \begin{bmatrix} k_{ii} & \cdots & 0 & 0 & \cdots & 0 \\ \vdots & \ddots & \vdots & \vdots & \ddots & \vdots \\ 0 & \cdots & k_{ii} & 0 & \cdots & 0 \\ 0 & \cdots & 0 & k_{jj} & \cdots & 0 \\ \vdots & \ddots & \vdots & \vdots & \ddots & \vdots \\ 0 & \cdots & 0 & 0 & \cdots & k_{jj} \end{bmatrix} \end{matrix} \tag{3-38}$$

(2)计算非对角系数。

不同物质状态的划分表达式如下:

$$\text{cla}_i = \frac{f(x_{\text{worst}}) - f(x_i)}{f(x_{\text{worst}}) - f(x_{\text{best}})} \tag{3-39}$$

利用公式(3-39)将目标函数适应值映射到区间(0,1),使状态划分更加合理。如表 3.7 所示,standard_s 为固态划分标准,standard_g 为气态划分标准。

表 3.7　由节点 i 和节点 j 组成的杆单元的物质状态划分标准

物态	划分标准	非对角线系数	节点之间位移关系
固态	$cla_i >$ standard$_s$ 或 $cla_j >$ standard$_s$	—	限制运动
气态	$cla_i \leq$ standard$_g$ 和 $cla_j \leq$ standard$_g$	+	激活运动
液态	standard$_g <cla_i \leq$ standard$_s$	0	无关

一个由节点 i 和节点 j 组成的杆单元在满足必要条件时进入固态物质状态，固态条件如下：①$|x_{j,k}-x_{i,k}|\leq L$，L 为固态激活距离；②$cla_i >$ standard$_s$ 或 $cla_j >$ standard$_s$，standard$_s$ 为固态划分标准；③ 为了降低算法复杂度和运行时间，严格限制了固态个体的数。根据 $cla_d(d=1,2,\cdots,N_{pop})$ 的降序，cla_i 或 cla_j 满足前 $N(1<N\leq N_{pop})$ 位时才会激活固态。

当杆元素满足上述所有条件时，利用公式（3-40）计算非对角系数 $k_{z,z+n}(i=1,2,\cdots,n)$。非对角单元 $k_{z,z+n}(z=1,2,\cdots,n)$ 赋值给单元刚度矩阵 $\boldsymbol{K}_{ij}$。

$$k_{z,z+n} = -1 \times \frac{T \times t}{\max\_length}, z=1,2,\cdots,n \tag{3-40}$$

式中：T 为固态系数；max_length 为最大迭代值；t 为当前迭代次数。

$$\boldsymbol{K}_{ij} = \begin{bmatrix} k_{ii} & \cdots & 0 & k_{1,1+n} & \cdots & 0 \\ \vdots & \ddots & \vdots & \vdots & \ddots & \vdots \\ 0 & \cdots & k_{ii} & 0 & \cdots & k_{n,2n} \\ k_{1+n,1} & \cdots & 0 & k_{jj} & \cdots & 0 \\ \vdots & \ddots & \vdots & \vdots & \ddots & \vdots \\ 0 & \cdots & k_{2n,n} & 0 & \cdots & k_{jj} \end{bmatrix} \tag{3-41}$$

一个由节点 i 和节点 j 组成的杆单元在满足必要条件时进入气态物质状态，气态条件如下：

①$cla_i \leq$ standard$_g$ 和 $cla_j \leq$ standard$_g$，standard$_g$ 为气态划分标准。② 为了降低算法复杂度和运行时间，严格限制了气体状态个体的数量。对 $cla_d(d=1,2,\cdots,N_{pop})$ 升序排列，cla_i 和 cla_j 排在前 $N(1<N\leq N_{pop})$ 位，N 为指定值。

当满足上述所有条件时，利用公式（3-42）计算非对角线系数 $k_{z,z+n}(z=1,2,\cdots,n)$。

$$k_{z,z+n}(z=1,2,\cdots,n)=(+1)\times\frac{H\times t}{\max\_length} \tag{3-42}$$

式中：H 为气态系数；max_length 为最大终止迭代次数；t 为当前迭代次数。

将非对角系数 $k_{z,z+n}(z=1,2,\cdots,n)$ 赋值到单元刚度矩阵 $\boldsymbol{K}_{ij}$ 中。

3) 拼接单元刚度矩阵并形成整体刚度矩阵 $\boldsymbol{K}$

计算整体刚度矩阵：

$$\boldsymbol{K}=\begin{bmatrix} (N_{pop}-1)k_{ii} & \cdots & 0 & k_{1,m} & \cdots & k_{1,n} \\ \vdots & \ddots & \vdots & \vdots & \ddots & \vdots \\ 0 & \cdots & (N_{pop}-1)k_{pp} & 0 & \cdots & 0 \\ k_{q,1} & \cdots & 0 & (N_{pop}-1)k_{qq} & \cdots k_{q,r} & 0 \\ \vdots & \ddots & \vdots & \vdots & \ddots & \vdots \\ k_{n,1} & \cdots & k_{2n,n} & 0 & \cdots & (N_{pop}-1)k_{jj} \end{bmatrix} \begin{matrix} \\ \\ \leftarrow p \\ \leftarrow q \\ \\ \end{matrix}$$

$$\tag{3-43}$$

由于在第 p 行中只有对角线系数 $K_{pp}=(N_{pop}-1)k_{pp}$ 是非零值，所以节点 p 处于液态（APO 和 GSA），如式(3-43)所示。除第 q 行对角线系数 $(N_{pop}-1)k_{qq}$ 外，非对角线系数存在非零值，因此节点 q 为固态或气态。

4) 计算节点力向量

如上所述，APO 和 GSA 属于基于加速度的算法类型，其中加速度由力和质量定义。在多物态模拟算法框架中，刚度函数取代了 APO 算法和 GSA 算法的质量函数。

根据基于 APO 和 GSA 规则的多物态模拟算法，分别利用公式(3-44)和(3-45)对节点力向量进行更新。

$$P_{ij,k}=\begin{cases} Gk_{ii}k_{jj}r_{ij,k}, & f(X_j)<f(X_i) \\ Gk_{ii}k_{jj}r_{ji,k}, & f(X_j)\geqslant f(X_i) \end{cases} \forall i\neq j \text{ 且 } i\neq \text{best} \tag{3-44}$$

$$P_{ij}^k(t)=G(t)\frac{M_{pj}(t)\times M_{ai}(t)}{R_{ij}(t)+\varepsilon}r_{ij,k} \tag{3-45}$$

节点力向量计算：

$$\boldsymbol{P}=[P_{1,1}P_{1,2}\cdots P_{1,n}\cdots P_{2,1}\cdots P_{N_{pop},1}P_{N_{pop},2}\cdots P_{N_{pop},n}]^T \tag{3-46}$$

5) 求解节点位移

只有液态节点的对角线系数是非零值。因此，液体节点的位移可以通过直接计算得到,而固体或气体状态的位移则通过求解整体刚度方程来计算得到。

整体刚度方程为

$$KS(t) = P \tag{3-47}$$

式中:

$$S(t) = (s_{1,1}(t), s_{1,2}(t) \cdots s_{1,n}(t) \cdots s_{N_{pop},1}(t), s_{N_{pop},2}(t) \cdots s_{N_{pop},n}(t))$$

是通过刚度方程求解得到的节点位移。

在基本 APO 和 GSA 的算法中,下一次迭代时的速度是根据加速度 $P_{i,k}/m_i$ 进行更新,多物态模拟算法则以节点位移 $S(t)$ 更新速度:

$$v_{i,k}(t+1) = \omega v_{i,k}(t) + \alpha S(t) \tag{3-48}$$

在基于 APO 规则的多物态模拟算法中,更新节点 i 下一次迭代时的位置坐标,具体表达式为

$$x_{i,k}(t+1) = x_{i,k}(t) + v_{i,k}(t+1) \tag{3-49}$$

在基于 GSA 规则的多物态模拟算法中 $a_i^k(t)$ 被位移矢量 $S(t)$ 代替,更新速度为

$$v_{i,k}(t+1) = \text{rand}_j \times v_{i,k}(t) + S(t) \tag{3-50}$$

位置坐标的更新与公式(3-49)相似。

3.3.4 数值实验与性能分析

多物态模拟优化算法的核心思想是指在迭代过程的不同阶段同时存在多态物质的特征。首先,通过静态测试函数的实验,研究多物态复合模式对算法性能的影响,并与 PSO、APO 或 GSA 进行比较,从而得到较为合理的多物态模式。参与测试的四种复合模式分别为气体模式(gas)、固体模式(solid)、完全固体模式(entirely solid)和三态复合模型(synthesis),具体定义规则如表 3.8 所示。

表 3.8 复合模式划分规则

模式	固态个体存在阶段	气态个体存在阶段
气态模式	0	MAXITER$>t>C_2$
固态模式	$0<t<C_1$	0

续 表

模式	固态个体存在阶段	气态个体存在阶段
完全固态模式	0	$t<$MAXITER
三态复合模式	$0<t<C_1$	MAXITER$>t>C_2$

表 3.8 中，C_1 为固体的终末迭代次数；C_2 为气体状态的起始迭代次数；t 为当前迭代次数；MAXITER 为最大迭代次数。

通过基于 6 个静态测试函数的实验确定 4 种复合模式中较为合理的复合模式。在此基础上，对 28 个 CEC2013 测试问题进行了完整的数值实验。

1.静态测试函数

该算法通过静态测试函数进行测试，表 3.9 为静态测试函数列表。算法参数由经验确定：问题维数 $n=30$；种群规模 $N_{pop}=20$。APO 的常数 G 根据经验定义为 $G=0.1(N_{pop}-1)=1.9$。每次数值实验重复 50 次。固体系数 $T=4$，气体系数 $H=4$；C_1 为固态终末次迭代次数；C_2 为气态状态的起始迭代次数；t 为当前迭代次数；MAXITER 为最大迭代次数，6 000。$C_1=C_2=\dfrac{2\times\text{MAXITER}}{3}$

$=4\,000$；N 为固体或气体状态下的上限个数，$N=\dfrac{N_{pop}}{2}=10$。standard$_g$、standard$_s$ 取值范围在 0.7 到 0.9 之间算法性能较好。每次数值实验重复 50 次。算法测试性能包括最优适应值（best）、平均值（mean）、最大函数适应值（max）及其标准差（STD）。PSO 测试结果从参考文献[128]中选取。

表 3.9 静态测试函数

Function	n	N_{pop}	$[x^{min}, x^{max}]$	Known optimum
Tablet	30	20	$[-100,100]$	0.0
Quadric	30	20	$[-100,100]$	0.0
Rosenbrock	30	20	$[-50,50]$	0.0
Griewank	30	20	$[-300,300]$	0.0
Rastrigin	30	20	$[-5.12,5.12]$	0.0
Schaffer's f7	30	20	$[-100,100]$	0.0

2.基于 APO 规则的多物态模拟优化算法数值实验

基于 APO 规则的多物态模拟算法,刚度函数 $g(f(x_i))$ 分别取式(3-34)或式(3-35)进行测试。根据两种不同刚度函数,测试结果如表 3.10 和表 3.11 所示。尽管刚度函数存在差异,各个表测试性能结果具有相对确定的规律。

表 3.10 使用刚度函数 $g_1(f(x_i))$ 的测试结果

函数	算法	最优值	参数	平均值	最大值	标准差
Tablet	PSO	8.2e−22	$C_1=4\,000$; $C_2=4\,000$ $T=4;H=4;$ $L=0.000\,05;$ $standard_s=0.8;$ $N=10;$ $standard_g=0.8$	1.5e−19	5.6e−18	7.8e−19
Tablet	APO	4.23e−13		1.04e−11	1.35e−09	3.1e−10
Tablet	gas	1.25e−24		4.63e−21	4.85e−19	1.24e−19
Tablet	solid	3.25e−18		8.4e−16	8.65e−14	4.31e−14
Tablet	entirely solid	7.51e−09		0.052 5	0.82	0.49
Tablet	synthesis	1.32e−25		7.83e−22	3.65e−19	9.02e−20
Rosenbrock	PSO	4.873	参数如上	93.71	1.0e+03	1.5e+02
Rosenbrock	APO	104.56		658.4	5.56e+3	835.5
Rosenbrock	gas	43.5		287.9	1 538.1	813.8
Rosenbrock	solid	55.7		120.4	1 711.4	478.5
Rosenbrock	entirely solid	16.0		225.8	1 450.6	357.1
Rosenbrock	synthesis	15.5		35.65	98.36	44.09
Quadric	PSO	0.772	参数如上	1.0e+2	4.8e+02	1.0e+2
Quadric	APO	6.35e−13		4.2e−06	1.82	0.32
Quadric	gas	1.25e−29		4.58e−25	4.25e−23	9.9e−24
Quadric	solid	4.20e−22		6.74e−20	8.79e−17	4.07e−17
Quadric	entirely solid	1.65e−15		3.25e−13	4.02e−9	8.48e−10
Quadric	synthesis	6.45e−33		8.47e−31	7.56e−28	4.22e−28

续 表

函数	算法	最优值	参数	平均值	最大值	标准差
Griewank	PSO	6.7e−11	参数如上	2.6e−02	0.108	2.8e−02
	APO	2.56e−7		0.012	0.095	3.2e−02
	gas	6.32e−11		0.009 1	0.24	0.07
	solid	4.68e−19		8.15e−17	8.75e−15	3.74e−15
	entirely solid	8.64e−9		0.002 4	0.07	0.037
	synthesis	9.24e−10		0.004	0.34	0.084
Rastrigin	PSO	30.84	参数如上	55.18	81.59	12.31
	APO	21.8		41.79	130	65.0
	gas	27.1		34.68	87.5	32.5
	solid	16.7		27.52	93.6	22.9
	entirely solid	10.4		14.17	74.8	20.8
	synthesis	26.5		47.35	79.6	16.55
Schaffer's $f7$	PSO	2.4e+02	参数如上	2.9e+02	3.5e+02	30.91
	APO	0.36		0.42	12.4	3.2
	gas	0.31		1.87	15.21	4.5
	solid	0.15		0.37	5.63	2.02
	entirely solid	0.24		0.17	4.77	1.17
	synthesis	0.56		1.28	9.2	3.74

第3章 基于多核CPU的复杂液压产品快速并行优化方法

表 3.11　使用刚度函数 $g_2(f(x_i))$ 的测试结果

函数	算法	最优值	参数	平均值	最大值	标准差
Tablet	PSO	8.2e−22	$C_1=4\,000$;	1.5e−19	5.6e−18	7.8e−19
	APO	1.52e−9	$C_2=4\,000$;	3.44e−6	2.65e−04	8.5e−5
	gas	1.54e−18	$H=4; T=4$;	7.94e−15	5.6e−14	1.4e−14
	solid	2.96e−12	$L=0.000\,05$;	7.78e−10	2.39e−7	8.46e−8
	entirely solid	9.00e−06	$standard_s=0.8$; $N=10$;	2.58e−7	5.4e−4	1.6e−4
	synthesis	6.66e−20	$standard_g=0.8$	4.83e−15	7.98e−12	3.19e−12
Rosenbrock	PSO	4.873		93.71	1.0e+03	1.5e+02
	APO	156.8		843.5	7.1e+03	1.45e+3
	gas	77.1		387.3	5.70e+03	1.21e+3
	solid	80.2	参数如上	331.5	2307.8	584.2
	entirely solid	17.3		55.0	398.4	184.6
	synthesis	16.9		36.4	136.7	28.4
Quadric	PSO	0.772		1.0e+2	4.8e+02	1.0e+2
	APO	5.9e−10		1.8e−07	4.2e−05	9.52e−06
	gas	4.91e−20		3.43e−15	3.4e−12	7.4e−13
	solid	5.14e−14	参数如上	2.47e−10	8.79e−9	3.08e−9
	entirely solid	1.5e−15		5.24e−12	8.32e−9	3.14e−9
	synthesis	4.5e−21		6.82e−18	7.57e−16	3.66e−16
Griewank	PSO	6.7e−11		2.6e−02	0.108	2.8e−02
	APO	7.4e−4		0.52	1.73	3.2e−2
	gas	5.7e−6		0.43	1.3e−2	5.4e−3
	solid	3.2e−13	参数如上	2.22e−11	9.5e−6	3.34e−6
	entirely solid	5.4e−11		1.54e−7	2e−3	8.5e−4
	synthesis	1.4e−7		7.5e−4	3.4e−2	6.0e−3

续 表

函数	算法	最优值	参数	平均值	最大值	标准差
Rastrigin	PSO	30.84	参数如上	55.18	81.59	12.31
	APO	28.2		63.58	154.6	38.4
	gas	24.5		38.75	132.2	25.1
	solid	13.3		27.54	87.1	22.8
	entirely solid	12.2		18.60	55.8	10.4
	synthesis	26.5		36.95	88.1	21.7
Schaffer's $f7$	PSO	2.4e+02	参数如上	2.9e+02	3.5e+02	30.91
	APO	0.37		1.97	16.7	6.2
	gas	0.25		1.91	15.0	4.4
	solid	0.24		0.31	3.95	1.32
	entirely solid	0.21		0.74	3.57	0.94
	synthesis	0.82		1.34	24.19	5.8

刚度函数 $g_1(f(x_i))$ 的算法性能优于刚度函数 $g_2(f(x_i))$ 的算法。函数测试结果表明，对于 Tablet 函数，除完全固态模式外，多物态模拟算法的气态模式、固态模式和三态复合模式的性能均优于液态模式（基本 APO），三态复合模式的性能优于粒子群优化算法。

对于 Rosenbrock 函数，数值实验表明，其他四种模式优于液态模式（基本 APO），三态复合模式优于粒子群算法。对于 Quadric 函数，通过仿真与 PSO 和液态模式（基本 APO）相比，其他四种状态的性能都得到了的提高。在 Griewank 函数中，液态模式、气态模式、完全固态模式和三态复合模式的性能与 PSO 相似，其中固态模型的性能优于其他模型。通过 Rastrigin 和 Schaffer 的 $f7$ 测试函数，固态模式和完全固态模式的搜索能力更高效，并且在所有模式中对 Schaffer 的 $f7$ 测试的性能都优于粒子群算法。三态复合模式结合了固态模式和气态模式的优点，是较合理的复合模式。

3. 基于 GSA 规则的多物态模拟优化算法数值实验

对于 Tablet 和 Quadric 函数，基于 GSA 规则的新算法的优化结果趋近于零，本节就此略去。4 个典型优化测试函数的结果如表 3.12 所示，多物态模拟算法是有效的。

表 3.12　基于 GSA 的多物态模拟优化算法测试结果

函数	算法	最优值	参数	平均值	最大值	标准差
Rosenbrock	PSO	4.873	$C_1=4\,000$; $C_2=4\,000$; $H=4$;$T=4$; $L=0.000\,05$; $standard_s=0.8$; $N=10$; $standard_g=0.8$;	93.71	1.0e+03	1.5e+02
	GSA	42.5		77.64	108.4	30.4
	gas	49.8		78.5	117.4	34.8
	solid	13.5		40.5	77.9	14.5
	entirely solid	12.4		23.7	80.4	15.6
	synthesis	33.7		70.5	114.1	23.8
Griewank	PSO	6.7e−11	参数如上	2.6e−02	0.108	2.8e−02
	GSA	1.54e−4		0.05	2.13	0.68
	gas	8.6e−4		0.07	1.3	0.37
	solid	4.5e−12		2.22e−10	8.75e−7	3.4e−7
	entirely solid	8.4e−10		1.7e−8	2.2e−5	7.6e−6
	synthesis	6.2e−7		4.3e−5	2.45e−3	7.5e−4
Rastrigin	PSO	30.84	参数如上	55.18	81.59	12.31
	GSA	42.7		57.84	95.4	7.8
	gas	39.4		54.54	97.5	13.4
	solid	16.8		26.41	79.7	10.7
	entirely solid	10.1		17.4	62.3	10.1
	synthesis	27.8		33.2	83.7	16.7
Schaffer's $f7$	PSO	2.4e+02	参数如上	2.9e+02	3.5e+02	30.91
	GSA	0.26		0.75	5.2	2.6
	gas	0.07		0.31	2.7	1.1
	solid	0.000 37		0.002	1.5	0.84
	entirely solid	0.000 61		0.004	0.87	0.72
	synthesis	0.000 72		0.098	7.8	1.45

固态模式适合解决 Griewank、Rastrigin 和 Schaffer 的 $f7$ 函数，而三态复合模式和气态模式对于解决 Tablet、Rosenbrock 和 Quadric 的问题没有明显的改进效果。三态复合模式结合了固态模式和气态模式的优点，应该是较合理的

复合模式。与基于 APO 规则的新算法相比,重力常数 $G(t)$ 与迭代时间有关。因此,基本 GSA 算法能够提供改变个体间的重力,可以保持种群的多样性。因此,基于 GSA 的改进不如基于 APO 的多物态模拟算法的改进效果明显。

4.多物态模拟算法的动态性能

与基于 GSA 规则的多物态模拟算法相比,基于 APO 的多物态模拟算法的固态和气态模式相对于基本 APO 算法(液态)有明显的优势。而基本 GSA 算法的重力常数 $G(t)$ 的变化本身就具有与多物态策略相同的效果,因此多物态策略能在一定程度上提供算法性能,但改进效果有限。因此,本节着重研究基于 APO 规则的多物态模拟算法动态性能。

以 20 次迭代为间隔采样,比较了 5 个模式的动态性能,即平均最优适应值(mean of best function value),动态性能如图 3.21～图 3.26 所示。结果表明,气态模式、固态模式和三态复合模式均优于液态模式(基本 APO 或 GSA)。由于力与节点的距离成正比,在迭代结束时,两个节点的距离太近,无法产生足够大的力来逃离局部最优点。因此,液态模式(基本 APO 或 GSA)的动态曲线趋于平稳。每种状态都有其优势和局限性。固态模式适合解决 Griewank,Rastrigin,Schaffer 的 $f7$ 函数,而三态复合模型和气态模式更适合解决 Tablet,Rosenbrock,Quadric 的问题。固态模式可以提高种群的多样性,气态模式可以增强节点的局部搜索性能,从而提高搜索性能。综合来看,三态复合模式综合了固态模式和气态模式的优点,应该是一种较合理的复合模式。因此,本书将在三态复合模式的基础上,对 CEC2013 测试问题进行完整的实验。

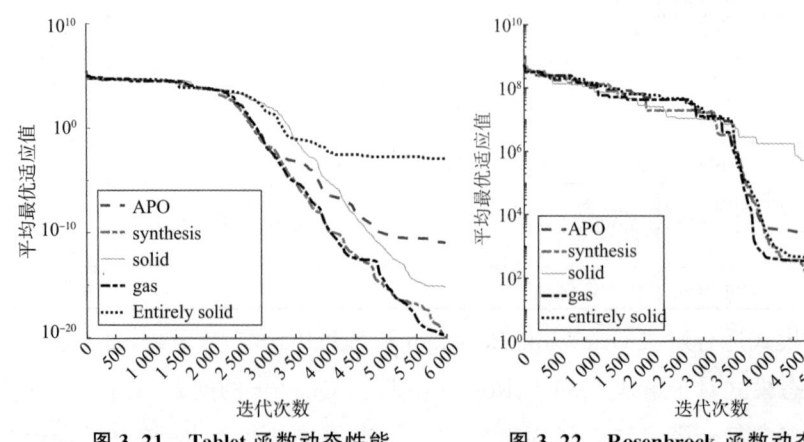

图 3.21 Tablet 函数动态性能

图 3.22 Rosenbrock 函数动态性能

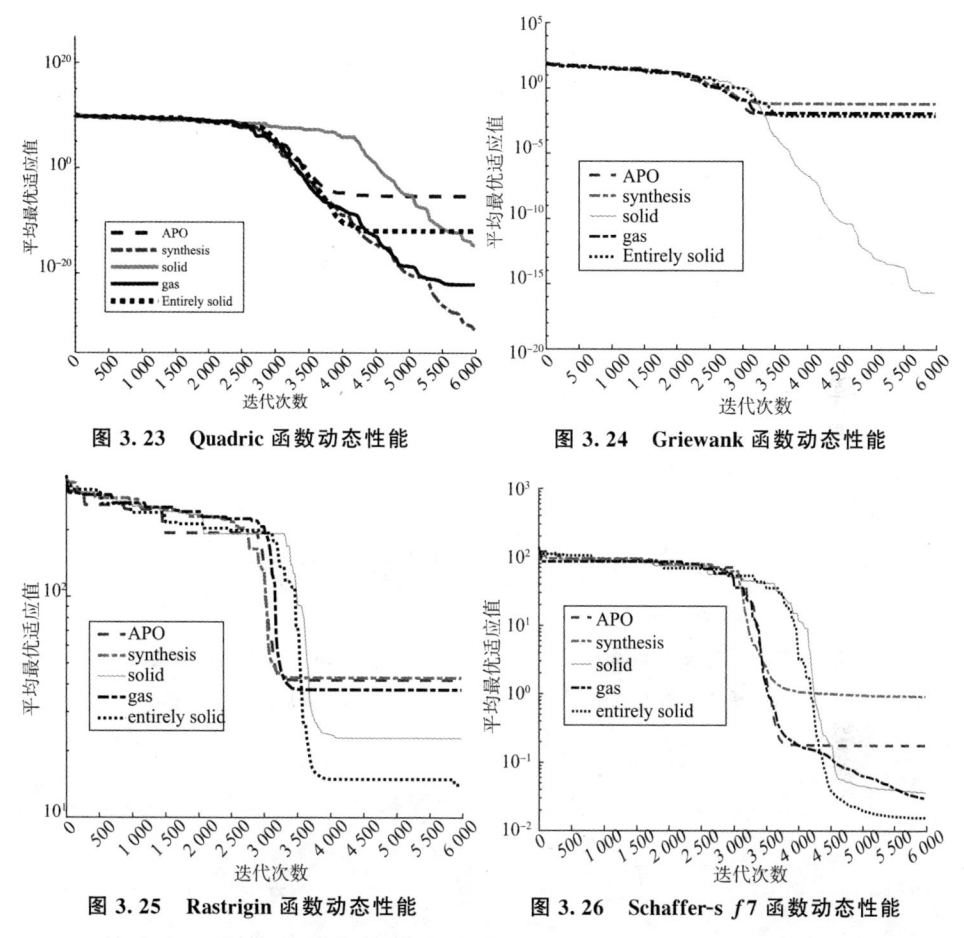

图 3.23　Quadric 函数动态性能　　　图 3.24　Griewank 函数动态性能

图 3.25　Rastrigin 函数动态性能　　图 3.26　Schaffer-s $f7$ 函数动态性能

5.算法主要参数对性能的影响

本节通过数值实验研究了主要参数对算法性能的影响。实验考虑了算法中不同的影响因素,包括不同固态激活距离(distance of solid state)L、气体系数(gas coefficient)H 和固体系数(solid coefficient)T 等的测试结果。每次数值实验重复 10 次。实验设置固体系数 $T=4$,此时固态模式的固态激活距离参数值 L 分别为 $1e-6$、$1e-5$、$5e-5$、$1e-4$、$1e-3$,利用 Rosenbrock、Griewank、Rastrigin 和 Schaffer's $f7$ 的测试函数研究了固态激活距离 L 的合理取值,即测试函数的平均最优适应值。固态激活距离对测试函数性能影响如图 3.27～图 3.30 所示。测试结果表明:固态激活距离 L 合理参数为 $5e-5$。在气态模式下,气体系数 H 参数值依次取 1、2、4、8、12。利用 Tablet 和 Quadric 测试函数

对气体系数 H 的参数值进行了研究,测试结果如图 3.31~3.32 所示。气体系数 H 的合理参数取值为 4。通过设置固态激活距离 $L = 5\mathrm{e}-5$,利用 Rosenbrock 和 Quadric 测试函数对图 3.33~图 3.34 中固体系数 T 进行比较,得到了固体系数合理参数为 4。此外,$\mathrm{standard}_g$ 和 $\mathrm{standard}_s$ 设置为 0.7 到 0.9 可以获得比其他范围更好的性能。但在 0.7~0.9 之间,没有发现明显的最优值。

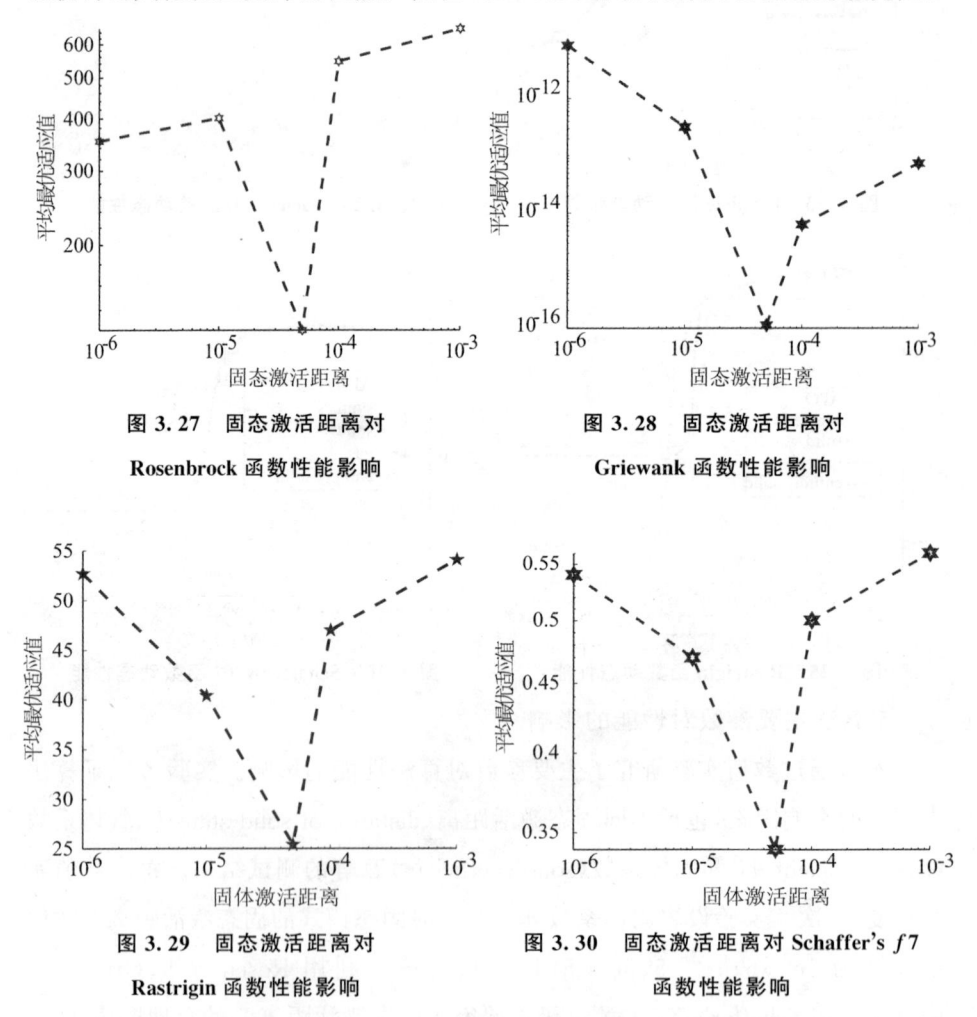

图 3.27　固态激活距离对 Rosenbrock 函数性能影响

图 3.28　固态激活距离对 Griewank 函数性能影响

图 3.29　固态激活距离对 Rastrigin 函数性能影响

图 3.30　固态激活距离对 Schaffer's $f7$ 函数性能影响

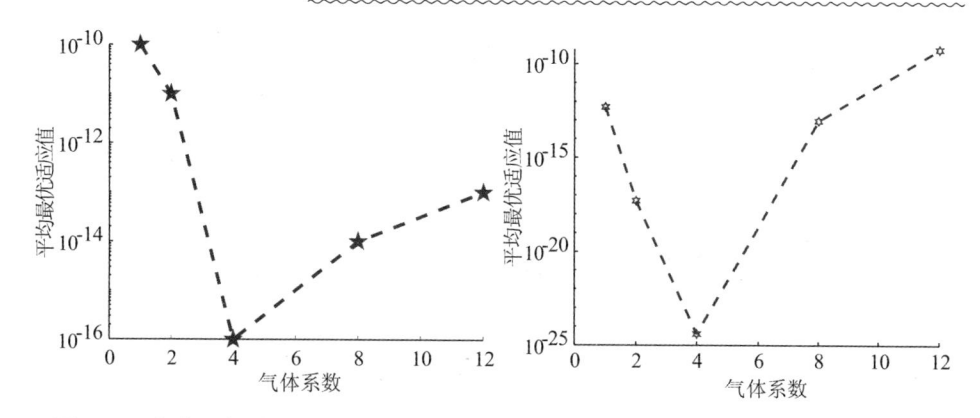

图 3.31 气体系数对 Tablet 函数性能影响　图 3.32 气体系数对 Quadric 函数性能影响

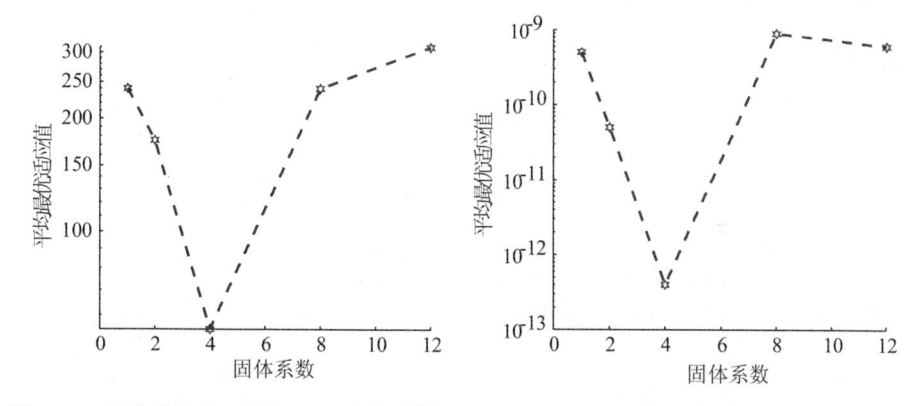

图 3.33 固态系数对 Rosenbrock 函数性能影响　图 3.34 固体系数对 Quadric 函数性能影响

6.三态复合模式的 CEC2013 测试函数实验

对基于 APO 规则的多物态模拟算法的三态复合模式进行测试,与其他三种算法进行比较。CEC2013 测试函数从参考文献[129]选取。所涉及的对比算法如下:

多精英引导的改进人工蜂群算法(MGABC);

自适应位置更新的改进人工蜂群算法(AABC);

多种策略的改进人工蜂群算法(MEABC);

自适应粒子群算法(fk-PSO);

液态模式——拟态物理算法(APO);

多物态复合模型算法——三态复合模式。

设定算法参数:问题维度 $n=30$;种群个数 $N_{pop}=30$。引力常数 $G=0.1$ $(N_{pop}-1)=2.9$,每次数值实验重复 51 次。MAXITER＝10 000,Max_FEs ＝10 000·n;固态激活距离 $L=5.0e-05$;固态系数 $T=4$,气态系数 $H=4$; standard$_g$＝0.8;standard$_s$＝0.8;C_1 为固态模式终止次数;C_2 为气态开始次数,$C_1=C_2=\dfrac{2 \times \text{MAXITER}}{3}=6\ 000$;$N$ 为固态或气态粒子处于激活状态的个数上限值,$N=\dfrac{N_{pop}}{2}=15$。在整个实验中,记录测试函数的平均误差值 ($f(x)-f(x^0)$),其中 x 是算法在一次运行中找到的最佳解,x^0 是测试函数的全局最优解。fk-PSO、MEABC 测试结果均从文献中选取。ABC、AABC、MGABC 的基本检测结果从文献[75]中选取。表 3.13 给出了各种算法在测试函数上的平均误差函数值。其中"$w/t/l$"表示新算法与其竞争算法相比,在 w 个函数上胜出,在 t 个函数上胜出,在 l 个函数上失利。

表 3.13　$D=30$ 时 CEC 2013 基准函数的结果

函数	ABC 平均误差	AABC 平均误差	MGABC 平均误差	fk-PSO 平均误差	MEABC 平均误差	APO 平均误差	新算法(synthesis) 平均误差
F_1	0.00E+00	0.00E+00	0.00E+00	0.00E+00	0.00E+00	0.00E+00	0.00E+00
F_2	1.17E+07	1.88E+07	1.43E+06	1.59E+06	1.23E+06	2.05E+07	7.35E+05
F_3	6.85E+08	1.64E+09	2.11E+08	2.4E+08	1.40E+08	4.12E+10	6.54E+06
F_4	6.86E+04	7.09E+04	2.12E+04	4.78E+02	8.35E+04	4.85E+04	8.21E+03
F_5	0.00E+00	0.00E+00	0.00E+00	0.00E+00	0.00E+00	5.64E+02	0.00E+00
F_6	1.35E+01	1.80E+01	2.80E+01	2.99E+01	1.01E+01	4.65E+01	3.44E+01
F_7	1.10E+02	1.17E+02	4.30E+01	6.39E+01	9.23E+01	1.95E+02	5.17E+00
F_8	2.09E+01	2.10E+01	2.09E+01	2.09E+01	2.09E+01	3.24E+01	3.09E+01
F_9	3.01E+01	3.04E+01	1.88E+01	1.85E+01	2.88E+01	1.35E+01	1.64E+01
F_{10}	2.66E+00	3.90E+00	1.99E+01	2.29E−01	5.57E+00	1.24E+00	2.02E−01
F_{11}	0.00E+00	0.00E+00	0.00E+00	2.36E+01	0.00E+00	3.21E+01	1.97E+01
F_{12}	2.40E+02	2.09E+02	1.31E+02	5.64E+01	2.07E+02	4.2E+01	3.68E+01

续　表

函数	ABC平均误差	AABC平均误差	MGABC平均误差	fk-PSO平均误差	MEABC平均误差	APO平均误差	新算法(synthesis)平均误差
F_{13}	2.97E+02	2.49E+02	1.67E+02	1.23E+02	2.29E+02	1.06E+02	4.58E+01
F_{14}	4.20E+00	8.18E−03	3.03E−01	7.04E+02	1.37E+01	1.46E+03	9.24E+03
F_{15}	3.96E+03	4.97E+03	3.86E+03	3.42E+03	3.41E+02	6.12E+03	5.62E+03
F_{16}	1.65E+00	1.98E+00	2.37E+00	8.48E−01	3.44E+00	5.86E+00	3.15E+00
F_{17}	3.07E+01	3.04E+01	3.04E+01	5.26E+01	3.04E+01	1.23E+01	8.36E+01
F_{18}	3.00E+01	3.00E+01	3.00E+01	6.81E+01	1.80E+02	1.52E+02	7.62E+01
F_{19}	9.41E−01	5.67E−01	1.78E+00	3.12E+00	3.94E−01	5.07E+02	5.94E+02
F_{20}	1.19E+01	1.23E+01	1.07E+00	1.20E+01	1.56E+01	2.23E+01	1.36E+00
F_{21}	2.11E+02	2.59E+02	3.33E+02	3.11E+02	2.10E+02	7.54E+02	3.05E+02
F_{22}	9.32E+01	9.69E+01	1.11E+02	8.59E+02	1.78E+01	5.02E+02	3.95E+03
F_{23}	5.11E+03	5.78E+03	4.19E+03	3.57E+03	5.16E+03	6.41E+03	4.87E+03
F_{24}	2.84E+02	2.81E+02	2.18E+02	2.48E+02	2.81E+02	2.09E+02	2.09E+02
F_{25}	3.10E+02	3.05E+02	2.69E+02	2.49E+02	2.74E+02	2.58E+02	2.58E+02
F_{26}	2.01E+02	2.01E+02	2.00E+02	2.59E+02	2.01E+02	2.45E+02	2.45E+02
F_{27}	4.00E+02	4.04E+02	6.40E+02	7.76E+02	4.02E+02	1.03E+02	5.32E+02
F_{28}	2.22E+02	2.84E+02	2.93E+02	4.01E+02	3.00E+02	2.57E+03	3.14E+02
$w/t/l$	13/2/13	12/2/14	11/2/15	13/1/14	12/2/14	22/4/2	

所提出的多物态模拟算法在大多数测试函数上取得较好的性能。从表3.13可以看出,多物态模拟算法在22个函数上的性能优于APO液态。测试结果表明,多物态模拟算法的性能与大多数改进的ABC算法非常接近。MGABC和AABC是两种最新的改进ABC算法。与MGABC相比,多物态模拟算法在11个函数上性能优于MGABC,性能略低于MGABC。与fk-PSO算法相比,多物态模拟算法在28个测试函数中有13个得到了更好的结果。综上所述,与改进的ABC算法和粒子群算法相比,多物态模拟算法具有相近的性能。

3.3.5　收敛性分析

参考曾建潮等提出的基于离散时间线性系统理论算法收敛性的方法来分析基于 APO 规则的多物态模拟算法的收敛性[130]。由前文可知,根据复合模式设计规则,迭代过程中并不持续存在固态或气态模式,但总存在液态个体(基本 APO 算法)。通过对液态个体的收敛性分析,证明了算法的收敛性。只考虑液态节点即只有对角线系数是非零值,简化刚度方程(3-47)得到表达式：

$$S_{i,k}(t) = \alpha \sum_{\substack{j=1 \\ j \neq i}}^{N_{pop}} \frac{P_{i,j}}{(N_{pop}-1)k_{ii}} \tag{3-51}$$

当任意选择的个体 i 可以证明收敛性时,结果可以扩展到所有其他个体。假设 X_{best} 在一定次数的迭代中是常数。为了减少收敛性分析,本节将式(3-48)和式(3-49)的维数指标 k 去掉,更新公式为

$$v_i(t+1) = \omega v_i(t) + \alpha \sum_{\substack{j=1 \\ j \neq i}}^{N_{pop}} \frac{P_{i,j}}{(N_{pop}-1)k_{ii}} \tag{3-52}$$

$$X_i(t+1) = X_i(t) + v_i(t+1) \tag{3-53}$$

定义 $u_i(t)$ 为个体速度,$N_i = \{j \mid f(X_j) < f(X_i), \forall j \in S\}$ 和 $M_i = \{j \mid f(X_j) \geq f(X_i), \forall j \in S\}$.其中,$S$ 是个体合集。

更新公式(3-52)为

$$\begin{aligned}
v_i(t+1) &= \omega v_i(t) + \alpha \sum_{\substack{j=1 \\ j \neq i}}^{N_{pop}} \frac{P_{i,k}}{(N_{pop}-1)k_{ii}} \\
&= \omega u_i(t) - \alpha \sum_{j \in N_i} \frac{Gk_{jj}(X_i(t)-X_j(t))}{N_{pop}-1} + \\
&\quad \frac{\alpha \sum_{j \in M_i} Gk_{jj}(X_i(t)-X_j(t))}{(N_{pop}-1)} \\
&= \omega u_i(t) + \left(\alpha \sum_{j \in M_i} Gk_{jj} - \alpha \sum_{j \in N_i} Gk_{jj}\right) \frac{X_i(t)}{N_{pop}-1} - \\
&\quad \left(\alpha \sum_{j \in M_i} Gk_{jj} - \alpha \sum_{j \in N_i} Gk_{jj}\right) \frac{X_j(t)}{N_{pop}-1}
\end{aligned} \tag{3-54}$$

令

$$G_{N_i} = \frac{\alpha \sum_{j \in N_i} Gk_{jj}}{N_{\text{pop}} - 1} \quad (3\text{-}55)$$

$$G_{M_i} = \frac{\alpha \sum_{j \in M_i} Gk_{jj}}{N_{\text{pop}} - 1} \quad (3\text{-}56)$$

$$G_{NM_i} = G_{N_i} - G_{M_i} \quad (3\text{-}57)$$

$$F_{G_i} = \frac{\alpha \left(\sum_{j \in N_i} Gk_{jj} - \sum_{j \in M_i} Gk_{jj} \right) X_j(t)}{N_{\text{pop}} - 1} \quad (3\text{-}58)$$

公式(3-54)变形为

$$v_i(t+1) = \omega v_i(t) - G_{NM_i} X_i(t) + F_{G_i} \quad (3\text{-}59)$$

将公式(3-59)代入公式(3-53)得到离散时间二阶系统：

$$X_i(t+1) - (1 + \omega - G_{NM_i}) X_i(t) + \omega X(t-1) = F_{G_i} \quad (3\text{-}60)$$

通过方程(3-60)分析 $\{E[X_i(t)]\}$ 的收敛性条件，$E\{X_i(t)\}$ 为随机变量 $X_i(t)$ 的期望，将期望值算子应用于方程(3-60)，变形为

$$EX_i(t+1) - (1 + \omega - E(G_{NM_i})) EX_i(t) + \omega EX(t-1) = E(F_{G_i}) \quad (3\text{-}61)$$

其中：

$$\varphi_i = E(G_{NM_i}) = \frac{1}{2} G \left(\frac{\sum_{j \in N_i} k_{jj} - \sum_{j \in M_i} k_{jj}}{N_{\text{pop}} - 1} \right) \quad (3\text{-}62)$$

$$\Theta_i = E(F_{G_i}) = \frac{1}{2} G \left(\sum_{j \in N_i} k_{jj} EX_j(t) - \sum_{j \in M_i} k_{jj} EX_j(t) \right) \frac{1}{N_{\text{pop}} - 1} \quad (3\text{-}63)$$

式(3-61)的特征方程为

$$\lambda^2 - (1 + \omega - \varphi_i) \lambda + \omega = 0 \quad (3\text{-}64)$$

定理1 假设 X_{best} 不变，当且仅当 $0 \leqslant \omega < 1$ 和 $0 < \varphi_i < 2(1+\omega)$ 则 $E\{X_i(t)\}$ 收敛于 X_{best}。

证明 $\{EX_i(t)\}$ 的收敛条件满足特征根幅值绝对值小于1。

$$\left| \frac{1 + \omega - \varphi_i \pm \sqrt{(1 + \omega - \varphi_i)^2 - 4\omega}}{2} \right| < 1 \quad (3\text{-}65)$$

考虑 $(1+\omega-\varphi_i)^2-4\omega$ 的三种情况：

①当 $(1+\omega-\varphi_i)^2=4\omega$ 时，两个特征根相等且为实数；②当 $(1+\omega-\varphi_i)^2<4\omega$ 时，两个特征根为不相等的复根；③当 $(1+\omega-\varphi_i)^2>4\omega$ 时，两个特征根为实根且不相等。

综合以上情况，参考文献[125]的证明结论，$\{EX_i(t)\}$ 的收敛条件为

$$0 \leqslant \omega < 1, 0 < \varphi_i < 2(1+\omega) \tag{3-66}$$

当 $\{EX_i(t)\}$ 收敛时，其极限值为 X^a，将 $\lim_{t\to\infty}EX_i(t)=X^a$ 代入方程(3-60)，得出

$$\varphi_i X^a = \theta_i \tag{3-67}$$

将方程(3-62)和方程(3-63)代入方程(3-67)得出：

$$\frac{1}{2}G\frac{(\sum_{j\in N_i}k_{jj}-\sum_{j\in M_i}k_{jj})X^a}{N_{pop}-1} = \frac{1}{2}G\frac{\sum_{j\in N_i}k_{jj}EX_j(t)-\sum_{j\in M_i}k_{jj}X_j(t)}{N_{pop}-1} \tag{3-68}$$

方程变形：

$$\begin{aligned}
&\Rightarrow \sum_{j\in N_i}k_{jj}X^a - \sum_{j\in M_i}k_{jj}X^a - \sum_{j\in N_i}k_{jj}EX_j(t) - \sum_{j\in M_i}k_{jj}EX_j(t)) = 0 \\
&\Rightarrow \sum_{j\in N_i}k_{jj}(X^a - EX_j(t)) - \sum_{j\in M_i}k_{jj}(X^a - EX_j(t))) = 0 \\
&\Rightarrow k_{best}((X^a - X_{best}(t)) + \sum_{\substack{j\in N_i \\ j\neq best}}k_{jj}(X^a - EX_j(t)) \\
&\quad - \sum_{j\in M_i}k_{jj}(X^a - EX_j(t))) = 0
\end{aligned} \tag{3-69}$$

当且仅当 $X^a = X_{best}$，方程(3-68)成立。

由定理 1 知，收敛的条件为式(3-66)，将式(3-62)代入式(3-66)，得

$$0 \leqslant \omega < 1, 0 < G(\sum_{j\in N_i}k_{jj}-\sum_{j\in M_i}k_{jj})_i < 4(1+\omega)(N_{pop}-1) \tag{3-70}$$

根据公式(3-70)，若给参数 G 设置一适当的较小数值，可使个体做收敛运动。

3.4 本章小结

本章提出了一种基于多核 CPU 的复杂液压产品快速并行优化方法，该

方法可解决液压产品仿真对专业软件依赖的问题。CVODE 求解器和多核 CPU 能提升优化效率。利用粒子群算法对非对称轴向柱塞泵的三角槽宽度参数进行优化,降低了泵输出流量脉动。为提高液压系统多核并行优化方法的寻优性能,借鉴有限元思想,提出了一种新型多物态优化算法,提出平衡全局搜索性能和局部搜索性能的策略,并对算法的收敛性条件进行推导。

第 4 章 基于多物态模拟优化算法的势能回收系统参数匹配

非对称泵是一种新型动力元件,目前仅对试制样机,排量为 45 mL/r,并未形成系列化产品。不同吨位挖掘机动臂回收系统存在参数匹配问题,产品设计人员工作量较大。针对不同吨位挖掘机动臂能量回收系统所需非对称变量泵排量及相关部件参数不同,本章将基于多核 CPU 的复杂液压产品快速并行优化设计方法,结合多物态模拟优化算法,对势能回收系统从多目标优化角度,兼顾节能效率和作业效率,得到系列化挖掘机非对称泵势能回收系统及其部件相关参数推荐表。推荐表的蓄能器选型分为恒压蓄能器和囊式蓄能器两个型号。本章挖掘机回收的重力势能是空载状态下工作装置自身的重力势能,不考虑铲斗中物料的重力势能。

4.1 非对称泵势能回收系统参数匹配的工况

以某小型液压挖掘机为研究对象,根据工作装置的三维结构模型建立多体动力学模型和非对称泵控差动缸模型,通过对空载挖掘机工作装置不同姿态下的动臂缸的工作压力和作业特性开展研究,得到合理的势能回收系统参数匹配工况。图 4.1 为某型号的液压挖掘机。

◇ 第4章 基于多物态模拟优化算法的势能回收系统参数匹配 ◇

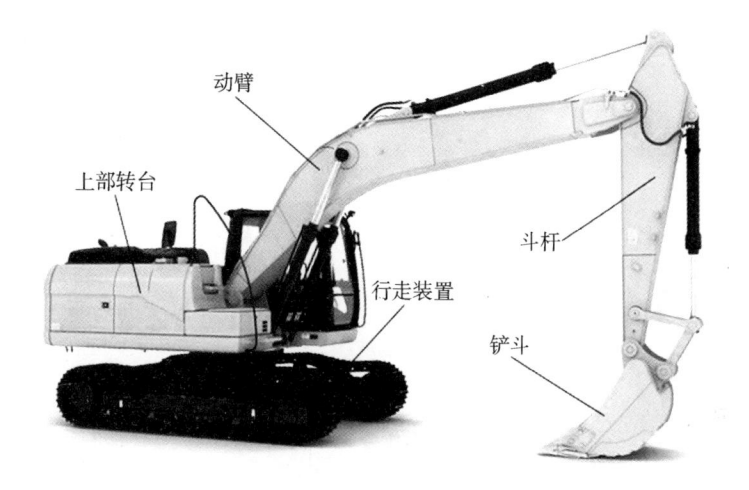

图 4.1 某型号的液压挖掘机

挖掘机动臂油缸在伸出过程中,动臂油缸工作压力随活塞杆的位移而变化。图4.2以工作装置某一特定伸展状态为例说明无杆腔压力随活塞位移变化规律。由图4.2可知,在伸出过程中活塞位移为0.8 m,相应的无杆腔压力变化量约为2.5 MPa。

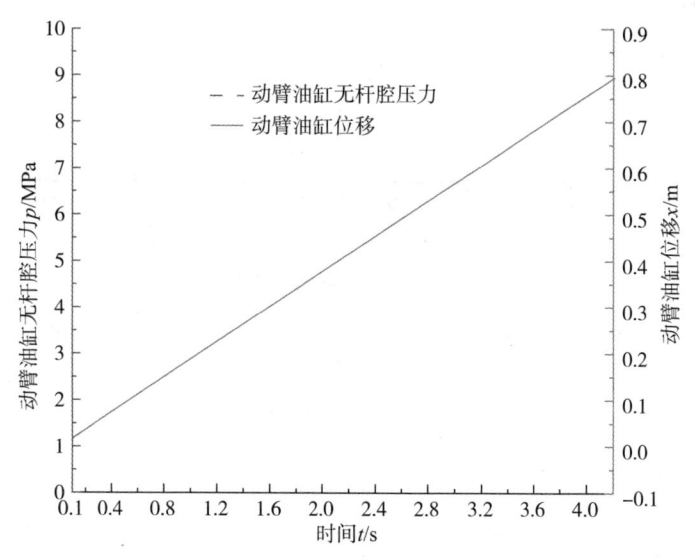

图 4.2 动臂油缸无杆腔工作压力和活塞杆位移变化图

挖掘机不同姿态下其工作压力也不相同。图4.3(a)所示工作装置为展开位姿,4.3(b)为工作装置收缩位姿。图4.4为不同位姿下动臂油缸工作压力,在同一时间位姿一比位姿二的工作压力大,两者相差约 0.7 MPa。

(a)工作装置位姿一 　　　　　　(b)工作装置位姿二

图 4.3　工作装置不同位姿

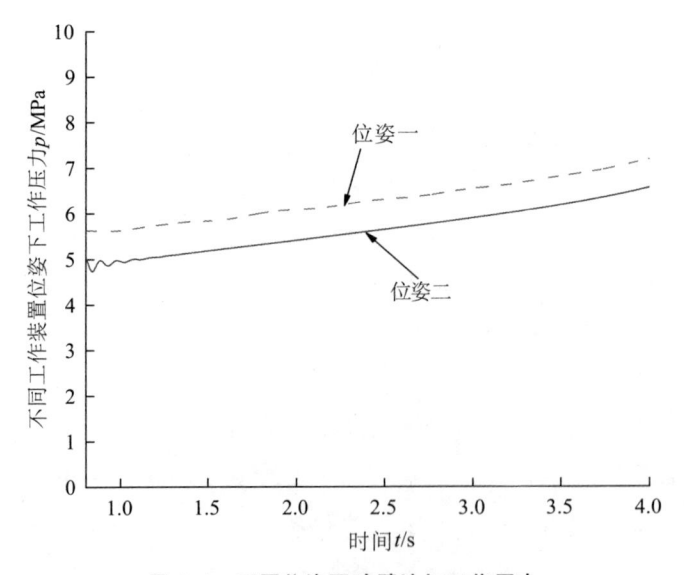

图 4.4　不同位姿下动臂油缸工作压力

综上所述,工作装置在不同的作业姿态下,动臂油缸的工作压力变化范围较大。空载挖掘机动臂油缸工作压力对能量回收系统的参数选型具有较大影响。对于第 2 章提出的负载质量恒定的势能回收系统,单个蓄能器即可满足回收需求。但对于空载挖掘机,动臂油缸在不同工作装置位姿下活塞杆受力并不是恒定值。挖掘机动臂油缸工作压力对能量回收系统的参数选型具有较大影响。因此,蓄能器参数应与动臂油缸工作压力进行合理匹配,特别是蓄能器的初始压力过大会导致无法进行能量回收。如果以最大工作压力匹配蓄能器,蓄能器初始压力也可相应增大,可回收更多势能,但在较小工

作压力回收工况下无法较好地回收势能。本章以动臂油缸的最小工作压力工况进行参数匹配,并在此基础上得到动臂缸下降阶段最大斜盘角度,即下降阶段能保证较好回收势能的最快下降速度,简称"绿色节能线"。挖掘机操作人员在回收阶段设置操作手柄于"绿色节能线"以下时,势能回收系统在任何工作装置作业姿态下都可以进行势能回收。操作手柄的"绿色节能线"的设置为操作人员手动节能提供基本参考,工作装置活塞负载力提高时,操作手柄超过"绿色节能线"时也可能保证较好的回收效果,且可以获得更快的作业效率。为方便讨论,工作装置动臂油缸工作压力也可以看作差动缸举升恒定质量的负载,可直接采用第2章非对称泵势能回收系统模型进行参数匹配。

4.2 非对称泵势能回收系统设计变量

参数匹配是非对称泵控差动缸及势能回收的关键环节。势能回收系统在负载下降阶段保证非对称泵存在马达工况,负载下降阶段电机不做功或者做功较少,负载的重力势能存储在蓄能器中。非对称泵排量、电机转速、蓄能器初始充气压力和容积、下降阶段的斜盘角度、负载重量(由空载工作装置无杆腔压力等效而来)等都会影响势能回收效率和动臂作业性能。从工程应用角度上来看,非对称泵势能回收系统考虑作业效率、能量回收效果和非对称泵的排量,但三者较难同时兼顾。参数匹配的目的是平衡作业时间、能量回收效率和非对称泵的排量的性能要求,综合考虑三者的影响,使势能回收系统得到优化。

1.非对称泵排量对势能回收系统的影响

泵的排量是液压系统动力元件的重要参数,对工程机械的作业效率、整体方案布置、成本等多方面具有较大的影响。通过仿真分析对比非对称泵的不同排量对势能回收系统性能影响。设定仿真参数:蓄能器初始充气压力2 MPa,容积为10 L,电机转速2 000 r/min,负载质量为2 500 kg,下降阶段斜盘角度为 $-5°$。

当斜盘角度由0°变为18°时，VAPP驱动液压缸带动负载开始起升。当负载达到最高位置后，改变斜盘角度为-5°，液压缸有杆腔进油，无杆腔回油，负载开始下降，此时蓄能器开始收集负载在下降过程中产生的势能。当负载下降到最低位置后，斜盘角度再次变为18°，液压缸无杆腔进油负载第二次起升至最高位置。同时蓄能器中储存的能量被释放出来，减少电机在第二次负载上升时的消耗，起到节能效果。

图4.5为不同排量的非对称泵势能回收系统电机能耗。随着排量的增加，负载下降阶段总能耗越来越大。负载下降阶段蓄能器要回收势能，应存在马达工况，即负载拖动电机转动，此时电机不做功，依靠负载自身重力势能将油液充入蓄能器。流量一定条件下，非对称泵排量过大则不利于势能回收。

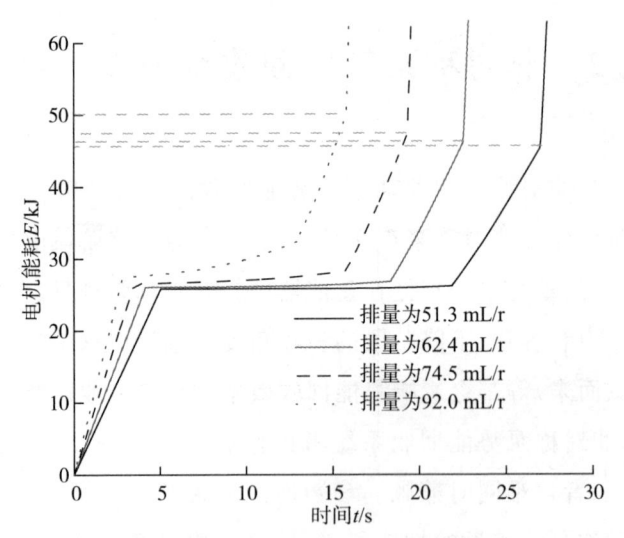

图4.5 不同排量的非对称泵势能回收系统电机能耗

不同排量的非对称泵作业效率如图4.6所示。随着非对称泵排量的增加，负载响应速度越快。

不同排量电机能耗和作业效率如表4.1所示，排量越大，下降阶段易出现泵工况，不利于回收重力势能。

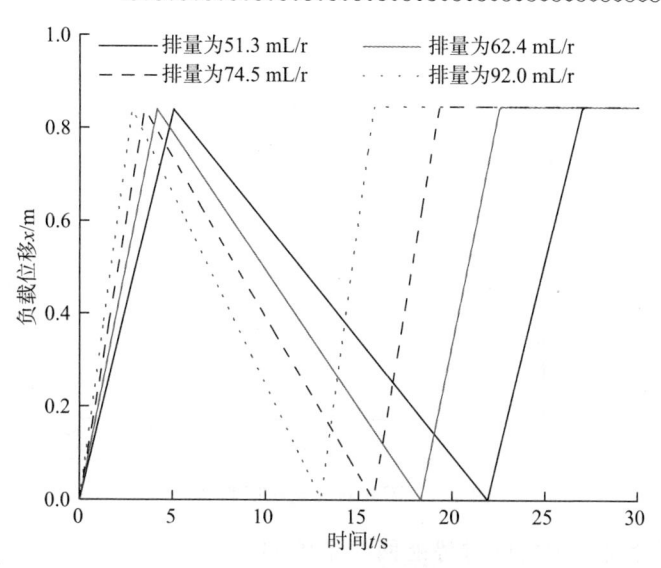

图 4.6　不同排量的非对称泵作业效率

表 4.1　不同排量电机能耗和作业效率对比

排量/ (mL·r^{-1})	第一次 起升能耗/J	下降阶段 能耗/J	第二次 起升能耗/J	起升—下降— 起升总时间/s	下降 时长/s	节能效率
51.3	25 800	26 210	45 240	26.9	16.85	24.6%
62.4	26 032	26 833	45 940	22.5	14.14	23.5%
74.5	26 441	28 364	47 056	19.2	12.3	22.0%
92.0	27 528	32 439	50 000	15.77	10.15	18.3%

2.电机转速对势能回收系统的影响

电机转速是势能回收系统的重要影响因素。当排量均为 62.4 mL/r，蓄能器容积为 10 L，初始充气压力为 2 MPa，电机转速分别设定为 1 000 r/min 和 2 000 r/min，负载质量为 2 500 kg，通过控制系统控制下降阶段斜盘角度为 7°。图 4.7 为不同转速时电机能耗曲线，1 000 r/min 的曲线响应时间是 2 000 r/min 的 2 倍。当转速为 1 000 r/min 时，下降阶段能耗远低于 2 000 r/min，因为电机转速过高时，下降阶段出现电机拖动负载的现象，即泵工况，能耗相对较大。

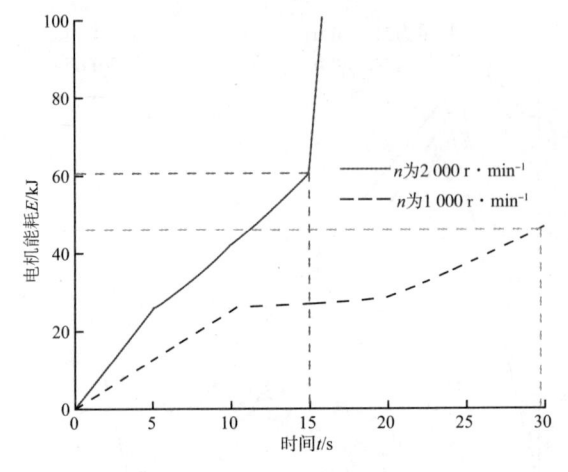

图 4.7 不同转速电机能耗曲线

3.下降阶段斜盘角度对势能回收系统的影响

下降阶段斜盘角度是势能回收系统的另一个重要影响因素。当排量为 62.4 mL/r,蓄能器容积为 10 L,初始充气压力为 2 MPa,电机转速分别设定为 2 000 r/min,负载质量为 2 500 kg,通过变排量机构控制下降阶段斜盘角度分别为 5°和 18°。图 4.8 为下降阶段不同斜盘角度负载位置变化图。仿真结果表明,下降阶段斜盘角度越大,排量越大,负载位移响应速度越快。但下降阶段排量过大会出现电机拖动负载的现象,不利于能量回收,下降阶段斜盘角度 18°的能耗大于 5°的能耗,电机能耗如图 4.9 所示。

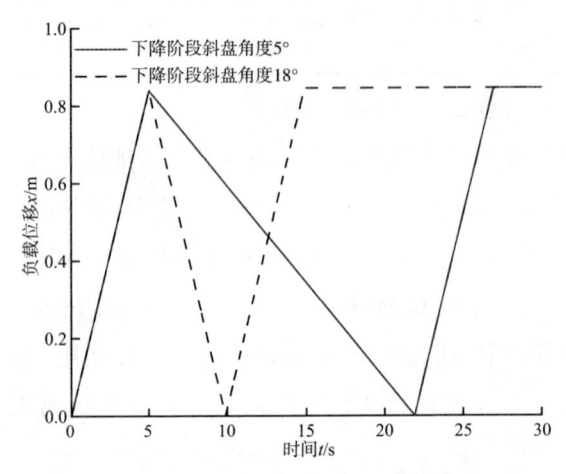

图 4.8 下降阶段不同斜盘角度负载位置变化图

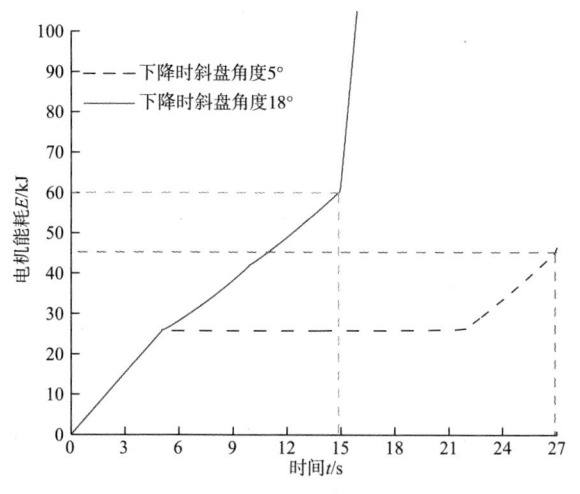

图 4.9　下降阶段不同斜盘角度电机能耗

(4)不同蓄能器充气压力和容积对势能回收系统的影响

1)不同蓄能器充气压力对势能回收系统的影响

当排量为 62.4 mL/r,设置蓄能器容积为 10 L,初始充气压力分别为 1 MPa 和 2 MPa,电机转速为 2 000 r/min,负载质量为 2 500 kg,下降阶段斜盘角度为 7°。图 4.10 为不同初始充气压力时电机能耗。2 MPa 时初始充气压力电机能耗低于 1 MPa 能耗,5 MPa 初始充气压力电机能耗最大,蓄能器相当于负载,蓄能器充能过程电机能耗也较大,存储在蓄能器中的液压能作用于第二次起升,但总体能耗也相应增加,无法达到节能效果。

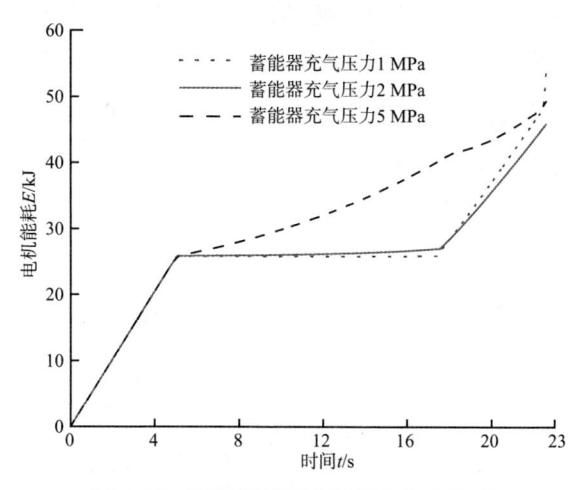

图 4.10　不同蓄能器充气压力电机能耗

2)不同蓄能器容积对势能回收系统的影响

当排量为 62.4 mL/r,设置仿真参数蓄能器容积分别为 10 L 和 16 L,蓄能器初始充气压力分别为 2 MPa,电机转速分别设定为 2 000 r/min,负载为 2 500 kg,下降阶段斜盘角度为 7°。图 4.11 所示为不同蓄能器容积下电机能耗对比,容积为 10 L 的蓄能器电机能耗高于 16 L 的蓄能器,但响应时间与 16 L 蓄能器相比慢 0.1 s 左右。

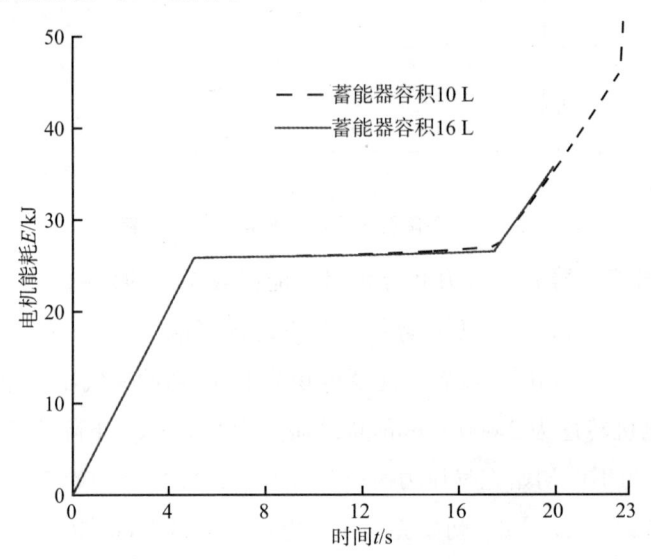

图 4.11 不同蓄能器容积电机能耗

5.不同负载质量对势能回收系统的影响

工作装置的质量直接影响势能回收效果,此处的负载质量指的是将空载挖掘机工作装置升降时无杆腔工作压力等效为恒定质量。当排量为 62.4 mL/r,蓄能器容积为 10 L,初始充气压力为 2 MPa,电机转速设定为 2 000 r/min,负载质量分别为 2 500 kg 和 5 000 kg,下降阶段斜盘角度为 7°。

如图 4.12 所示为不同负载质量的电机能耗对比,负载质量为 5 000 kg 时,下降阶段能耗低于 2 500 kg,这是由于下降阶段马达工况与负载相关,负载越大越容易形成马达工况,有利于重量势能转化为蓄能器液压能。

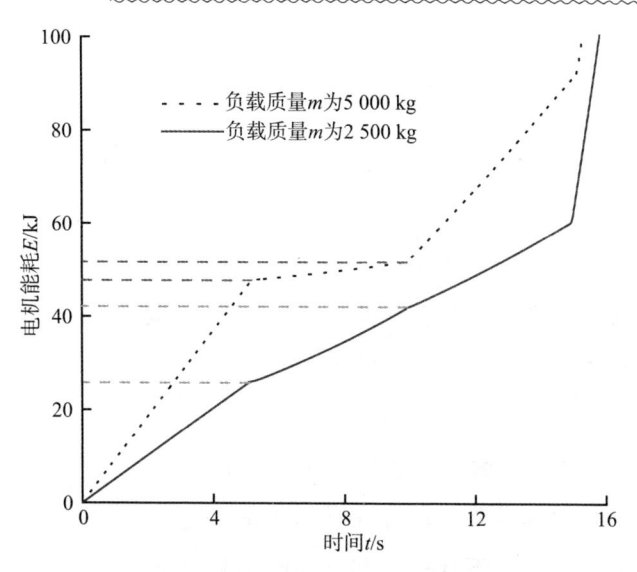

图 4.12　不同负载质量的电机能耗对比

4.3　基于多核并行优化方法的势能回收系统参数匹配

4.3.1　基于多物态模拟优化算法的参数优化

通过以上对比仿真分析可知,负载质量、蓄能器初始充气压力和容积、电机转速、非对称泵排量、下降阶段斜盘角度均会对作业效率和能耗产生影响。排量越大作业效率越高,但不利于势能回收系统在下降阶段形成马达工况。下降阶段斜盘角度过大可能会影响能量回收,但过小则会造成负载下降速度过慢。因此,非对称泵势能回收系统参数匹配要兼顾低能耗和作业高效率。多目标优化方法为非对称泵势能回收系统参数匹配提供有效途径。多目标优化理论常用于多个目标函数之间存在冲突时,难以使多个目标函数同时达到最优解。因此,需协调多个目标函数组成一个新的目标函数,使系统总体性能尽可能达到最优。线性组合法是一个较为常用的多目标优化方法。

参数匹配的设计变量:非对称泵排量 V_P、蓄能器充气压力 P_{ac}、初始容积 V_{ac}、下降阶段角度 β。

目标函数 1 为：起升－下降－再起升过程中电机能耗 $E \rightarrow \min$。

目标函数 2 为：下降阶段斜盘角度 $\beta \rightarrow \max$。

将各分目标函数都转化为在 0 到 1 的范围内取值，$f_E = \dfrac{E - E_{\min}}{E_{\max} - E_{\min}}$，$f_\beta = \dfrac{\beta - \beta_{\min}}{\beta_{\max} - \beta_{\min}}$。式中：$E_{\min}$，$E_{\max}$ 分别为电机能耗目标函数的能耗下限值、上限值；$\beta_{\min}$，$\beta_{\max}$ 分别为斜盘角度目标函数的角度下限值、上限值。

非对称泵势能回收系统的多目标优化函数：

$$f(x) = W_1 f_E - W_2 f_\beta \rightarrow \min \quad (4-1)$$

式中：W_1 为能耗加权系数；W_2 为斜盘角度加权系数。

约束条件 1：保证下降阶段存在马达工况，$E_{de} \leqslant E_{up}$。

约束条件 2：起升－下降－再起升耗时不超过某一值，$t_{tol} \leqslant t_{up}$。

以某典型 7 t 挖掘机为研究对象，设计变量和约束条件取值范围：

$$\begin{cases} 30 \text{ mL/r} \leqslant V_P \leqslant 100 \text{ mL/r} \\ 1 \text{ MPa} \leqslant P_{ac} \leqslant 7 \text{ MPa} \\ 1 \text{ L} \leqslant V_{ac} \leqslant 16 \text{ L} \\ 5° \leqslant \beta \leqslant 18° \\ E_{de} \leqslant 3\,000 \text{ J} \\ t_{tol} \leqslant 15 \text{ s} \end{cases}$$

分别采用多物态模拟优化算法和粒子群优化算法进行优化，采用惩罚函数法对约束条件进行设置。内点惩罚函数法将新目标函数定义于可行域内，序列迭代点在可行域内逐步逼近约束边界上的最优点。内点法只能用来求解具有不等式约束的优化问题。转化约束条件合成新的目标函数：

$$\varphi(x, r) = f(x) - r \sum_{j=0}^{m} \dfrac{1}{g_j(x)} \quad (4-2)$$

式中：r 为惩罚因子，它是由大到小且趋近于 0 的数列，即 $r^0 > r^1 > r^2 > \cdots \rightarrow 0$，$\sum\limits_{j=0}^{m} \dfrac{1}{g_j(x)}$ 为障碍项；$g_j(x)$ 为不等式约束。

多物态模拟优化算法按照前文 3.3.4 节设置优化参数。图 4.13 为非对称泵势能回收系统参数匹配软件。如图 4.13(a)所示，该软件可以通过人机

◇ 第4章 基于多物态模拟优化算法的势能回收系统参数匹配 ◇

交互界面进行参数输入,差动缸活塞杆受力、动臂油缸型号等参数均可以实现参数化输入。图 4.13(b)为多进程并行的仿真程序界面。

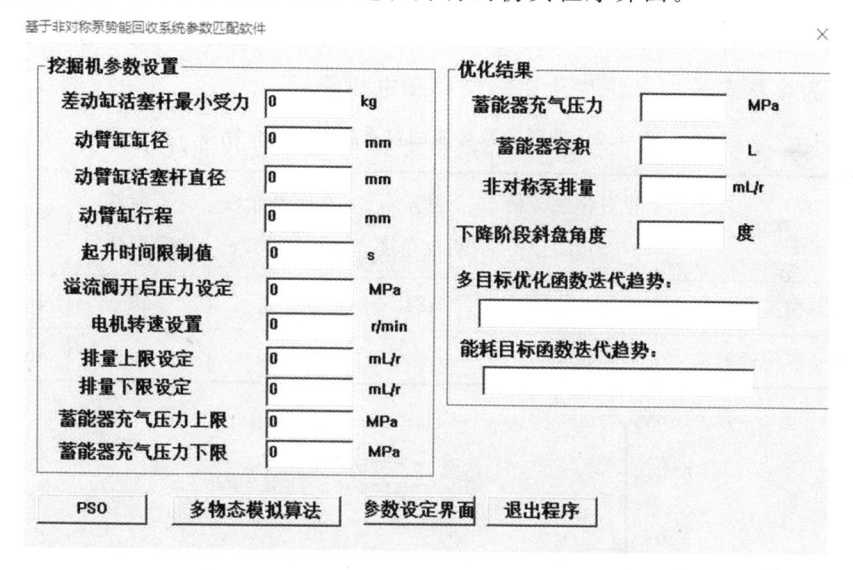

(a)参数匹配软件界面设计

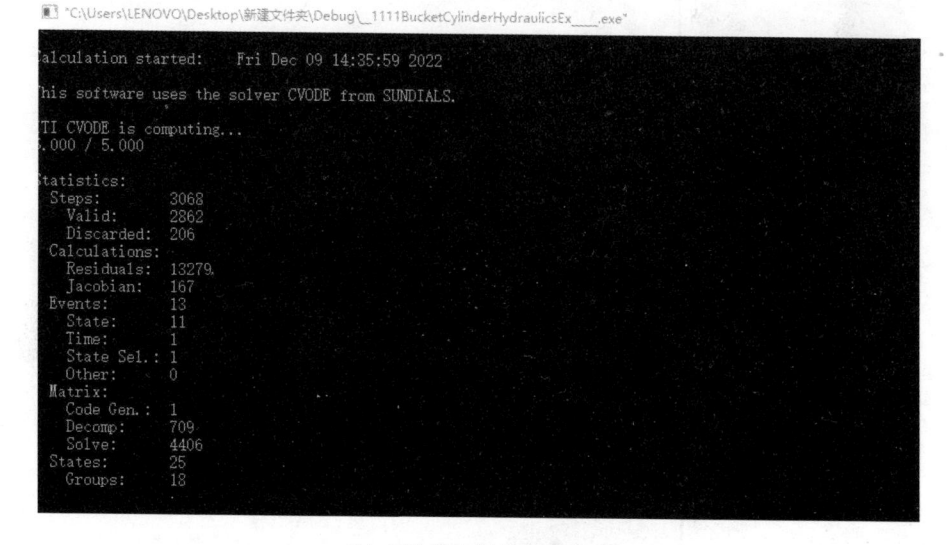

(b)多进程并行的仿真程序

图 4.13 非对称泵势能回收系统参数匹配软件

由表 4.2 可知,两种优化算法优化后的势能回收系统参数基本一致。多物态模拟优化算法收敛速度相比粒子群优化算法略快。两种算法优化结果较为接近,粒子群优化算法的结果略优于多物态模拟优化算法,多物态模拟优化算法耗能 46.788 J,而粒子群优化算法的能耗为 46.685 J。图 4.14 为多目标优化函数最优适应值变化趋势,图 4.15 为能耗目标函数迭代趋势。图 4.16 为多物态模拟算法优化后的位移和电机能耗。

表 4.2 非对称泵势能回收系统参数优化结果

算法	非对称泵排量/(mL/r)	下降阶段斜盘角度	蓄能器充气压力/MPa	蓄能器容积/L	能耗/kJ
多物态模拟优化算法	62.42	7.24°	2.92	10	46.788
粒子群优化算法	62.47	7.20°	2.95	10	46.685

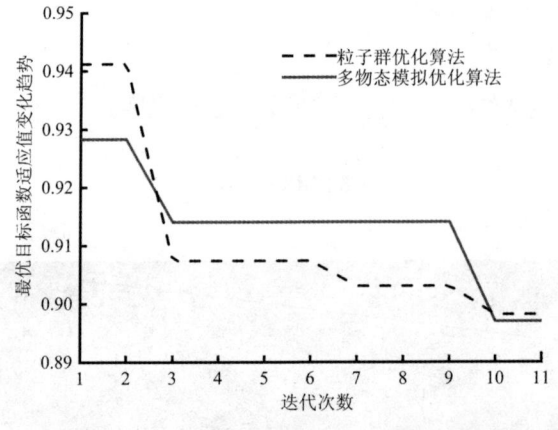

图 4.14 多目标优化函数最优适应值变化趋势

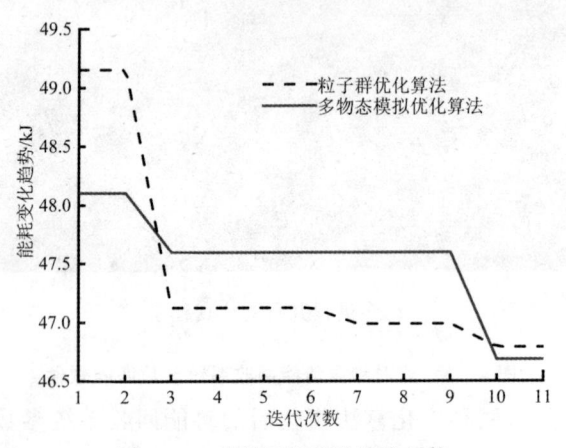

图 4.15 能耗目标函数迭代趋势

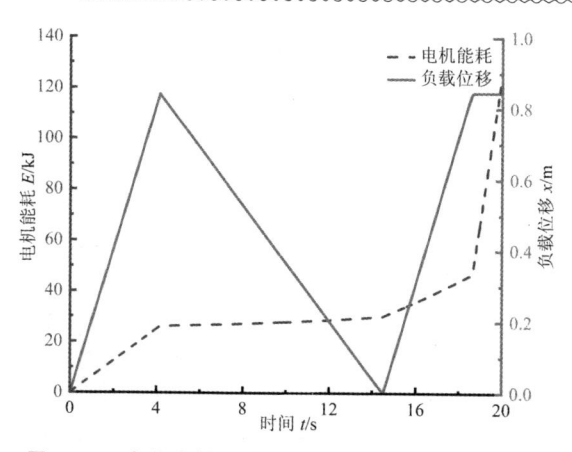

图 4.16 多物态模拟算法优化后的位移和电机能耗

仿真时间对比见表 4.3。SimulationX 仿真软件对计算机要求较高，而 CVODE 可执行文件对内存要求较低，且运行速度相对较高。利用 SimulationX 软件进行仿真耗时 600 min，CVODE 可执行文件单次运行耗时 55 min。与 SimulationX 仿真平台运行对比，exe 仿真程序效率提高 11 倍以上。Intel(R) Core(TM) i7-10700F 是具有 8 核 16 线程的处理器，理论上该处理器相比单个 exe 至少可提高 8 倍效率，实际提高效率为 7.63 倍左右基本符合理论上提升效率。多核 CPU 并行优化 10 轮迭代，每轮 10 次可执行程序，共 100 次运行，耗时 720 min，单次耗时 7.2 min，与 SimulationX 仿真平台运行对比，提高 80 倍效率。

表 4.3 仿真时间对比

	SimulationX 3.8	CVODE 可执行程序	多核 CPU 并行优化
总时长	600 min	55 min	10 轮迭代，每轮 10 次可执行程序，共 100 次运行，耗时 720 min
单个耗时	600 min	55 min	7.2 min

4.3.2 系列化挖掘机非对称泵势能回收系统参数推荐值

按照上述方法进行系列化挖掘机非对称泵势能回收系统参数匹配，按照空载挖掘机动臂缸最小工作压力为工况，选取合理的势能回收系统部件参数。表 4.4 所示为不同吨位挖掘机非对称泵势能回收系统参数匹配结果，包括所需非对称泵排量、下降阶段的斜盘角度、恒压/囊式蓄能器初始压力、恒压/囊式蓄能器体积参数及节能率。

表 4.4 不同吨位挖掘机非对称泵势能回收系统参数匹配结果

挖掘机吨位	7 t	12 t	20 t	30 t
电机转速/(r·min)	2 000	2 000	2 000	2 000
等效质量/kg	2 500	3 600	11 000	25 000
动臂缸个数×无杆腔直径×有杆腔直径×位移/mm	1×110×75×840	1×115×80×1 015	2×120×85×1 290	2×140×100×1 465
VAPP 排量/(mL/r)	65	75	115	160
下降阶段斜盘角度/(°)	7.2°	7°	6°	6°
囊式蓄能器初始压力/MPa	2.95	3.5	4.5	6.5
囊式蓄能器体积/L	10	16	32	50
囊式蓄能器节能率 η	23.5%	35.3%	31.25%	27.88%
恒压蓄能器充气压力/MPa	3.52	4.42	5.35	8.37
恒压蓄能器体积/L	10	16	32	50
恒压蓄能器节能率 η	25.85%	38.4%	34.3%	30.7%

12 t、20 t 和 30 t 挖掘机动臂在优化后的排量前提条件下,分析其下降阶段斜盘角度对节能率和作业效率的影响关系如图 4.17 所示。下降阶段斜盘角度越小,易形成马达工况,越有利于能量的回收。斜盘角度越小,完成起升—下降—再起升所需要的时间则越久。优化后可以得出 7 t、12 t、20 t 和 30 t 挖掘机的动臂在下降阶段 VAPP 设置的最小斜盘角度分别为:15.8°、15.4°、8.9°和 8.4°,在小于等于推荐的斜盘角度时,各个吨位的挖掘机动臂在下降阶段均能达到较好的能量回收效果,VAPP 存在马达工况。囊式蓄能器节能率分别达到 23.5%、35.3%、31.25% 和 27.88%,恒压蓄能器节能率分别达到 25.85%、38.4%、34.3%、30.7%。恒压蓄能器节能率优于囊式蓄能器。

◇ 第4章 基于多物态模拟优化算法的势能回收系统参数匹配 ◇

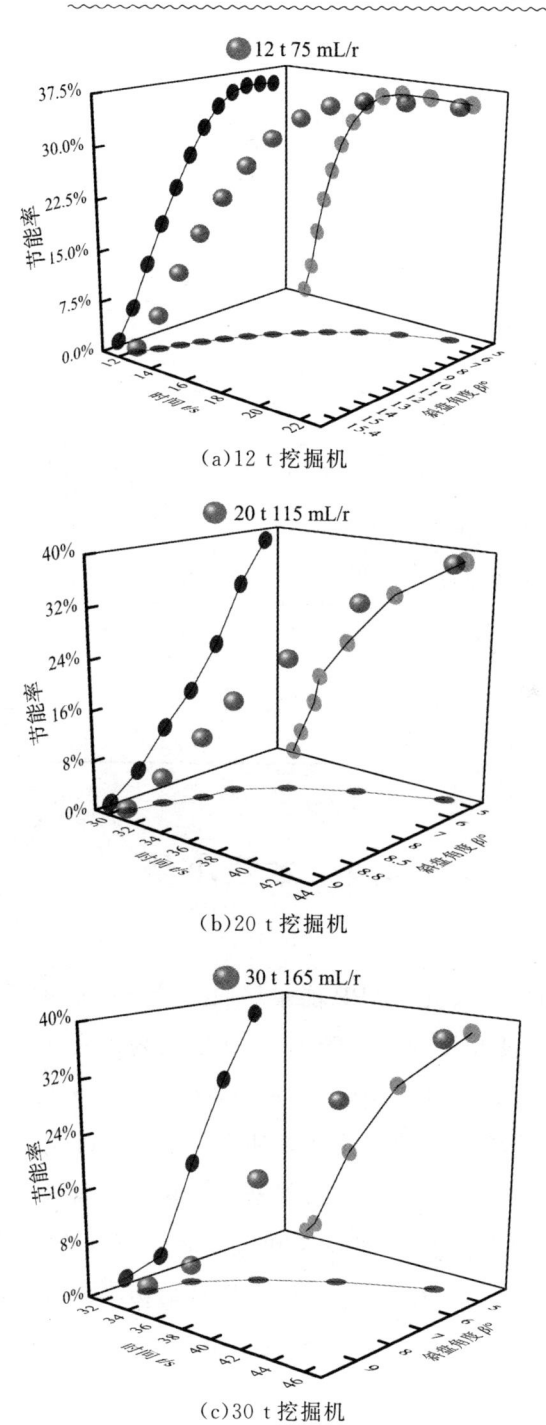

(a) 12 t 挖掘机

(b) 20 t 挖掘机

(c) 30 t 挖掘机

图 4.17 下降阶段斜盘角度对节能率和作业效率的影响

根据上述优化出来的各个吨位所需 VAPP 的排量,设计其相关数值并给出推荐值如表 4.5 所示。

表 4.5 系列化非对称泵结构参数

吨位	7 t	12 t	20 t	30 t
VAPP 排量/(mL/r)	65	75	115	165
斜盘角度范围/(°)	$-18\sim+18$			
柱塞个数 z	9			
柱塞直 d/mm	20	21	24	27
柱塞分度圆半径 R/mm	35.5	37.0	43.5	49.5
柱塞行程/mm	23.1	24.1	28.3	32.2
配流槽分布圆直径/mm	35.5	37.0	43.5	49.5
B 窗口角度/(°)	60			
A 窗口角度/(°)	100			
T 窗口角度/(°)	40			

4.4 本章小结

针对不同吨位挖掘机 VAPP 能量回收系统参数匹配耗时长、手动调参烦琐的问题,本章提出了一种基于多核 CPU 的复杂液压产品并行快速优化方法。在此基础上,经参数匹配得到 7 t、12 t、20 t、30 t 挖掘机非对称泵势能回收系统的参数推荐值。参数推荐值对系列化挖掘机非对称泵势能回收系统的设计具有参考价值。仿真结果表明,囊式蓄能器节能率分别达到 23.5%、35.3%、31.25% 和 27.88%,恒压蓄能器节能率分别达到 25.85%、38.4%、34.3%、30.7%。在 8 核 CPU 工作站的仿真条件下,与 SimulationX 平台的仿真方法相比,多核 CPU 并行优化方法的仿真效率提高了 80 倍以上。

第5章　非对称泵变排量抗扰控制及试验研究

非对称泵的斜盘振荡严重,从而引起较大流量脉动的问题[131-133]。本章提出将变量阻力矩视作干扰信号,采用抗干扰控制方法以提高变排量控制性能。通过 SimulationX 和 Simulink 联合仿真,对比在不同频率的变量阻力矩作用下常规 PID 控制、指数收敛干扰观测器、非线性 PID 控制、自抗扰控制和滑模控制的非对称泵斜盘角度响应特性。在对比得到合理控制方法基础上,对控制参数进行整定。通过试验对比滑模控制和 PID 控制的变排量控制性能。

5.1　变排量非对称泵的控制原理

目前,液压伺服控制采用常规 PID 控制时对干扰的抑制能力较差,因此常采用抗干扰控制算法来提高液压伺服控制性能。王慧等研究了阀控变量泵系统动态特性及抗干扰特性[134];吴斌等设计了泵阀并联驱动液压缸抗干扰控制器[135]。同时,抗干扰控制算法也为解决变排量非对称泵的变排量机构中斜盘振荡问题提供了一种新的方法。将变量阻力矩视作干扰信号,通过补偿变排量非对称泵的阻力矩以减小斜盘振荡。但各种抗干扰控制算法对不同频率的干扰信号的补偿效果也不同。常见的抗干扰控制算法有指数收敛干扰观测器、自抗扰控制、非线性 PID 控制和滑模控制等。因此,有必要研究不同抗干扰控制算法对变排量机构的斜盘振荡抑制的性能,得出较合理的变排量机构抗干扰控制算法。

非对称泵的变排量是通过斜盘角度的变化来实现的,变排量机构控制原理如图 5.1 所示。变排量机构主要由比例伺服阀、变量缸等组成。其中,变量缸和角度传感器内置于非对称泵内部,而比例伺服阀和 DSpace 控制器等则在该泵外部。角位移传感器固定在斜盘上,实时采样并与给定目标角度计算偏差,通过控制器的输出信号驱动比例伺服阀以达到控制斜盘角度的目的。

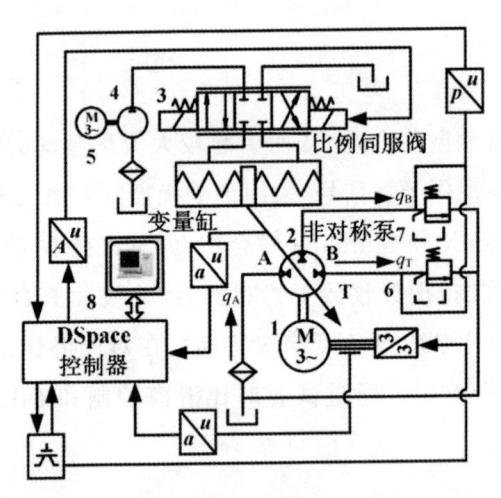

图 5.1 非对称泵的变排量机构控制原理

变排量非对称泵中的斜盘承受的力矩来源较为复杂,主要包括变量缸对斜盘的转矩,滑靴组件对斜盘的力矩,斜盘的惯性力矩,滑靴和球铰之间、斜盘和支撑轴承的摩擦力矩。推导斜盘运动方程为

$$I\frac{\mathrm{d}^2\beta}{\mathrm{d}t^2} = -E\frac{\mathrm{d}\beta}{\mathrm{d}t} + T_Y \tag{5-1}$$

式中:β 为斜盘角度;I 为斜盘相对于自身转轴的转动惯量;E 为斜盘粘性阻尼系数;T_Y 为滑靴组件对斜盘自身转轴产生的变量阻力矩,斜盘绕 Y 轴方向转动。

变量阻力矩 T_Y 为

$$T_Y = \left(\pm\sum_{i=1}^{z}\frac{\pi d_k^2 R p_d}{4\cos^2\beta}\cos(\varphi + i\gamma)\right) - \left(\frac{p_s m_{ps} R}{\cos^2\beta}\sum_{i=1}^{z-1}\cos(\varphi + i\gamma)\right) + \frac{\pi d_k^2 z p_d (R f_1 + r f_2)}{8\cos\beta}$$

$$\tag{5-2}$$

式中：p_d 为泵供油压力；γ 为柱塞孔之间的夹角；m_{ps} 为柱塞和滑靴的质量；r 为滑靴副球头半径；f_1 为斜盘与滑靴间滑动摩擦系数；f_2 为斜球铰的滑动摩擦系数，润滑充分的条件下可取 $f_2=0.08$；d_k 为柱塞直径；R 为柱塞的分布圆半径；β 为斜盘角度；z 为柱塞个数；$\varphi+i\gamma$ 为第 i 个柱塞的转角；p_s 为滑靴副相对于缸体的角加速度。

选取比例伺服阀输入电压 u_1 和变量阻力矩 T_Y，则该泵的闭环控制框图如图 5.2 所示。

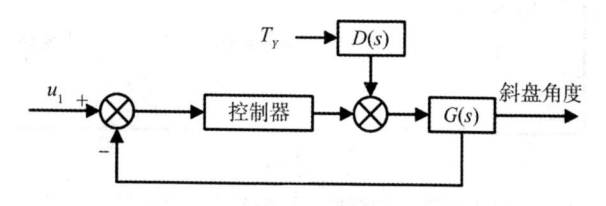

图 5.2 非对称泵的闭环控制框图

建立变排量非对称泵的开环传递函数：

$$G(s)=\frac{q_c K\tau}{(EC_1+q_c^2)s^2+[(EC_1+q_c^2)\tau_v+q_0 C_1]s+q_0 C_1\tau_v} \tag{5-3}$$

干扰信号传递函数：

$$D(s)=\frac{(EC_1+q_c^2)s^2+(EC_1+q_c^2)\tau_v}{q_c K\tau} \tag{5-4}$$

式中：q_0 与变量缸弹簧刚度和力臂有关；q_c 为与作用力臂相关的参数；C_1 为变量缸总泄漏系数；τ 和 τ_v 与伺服阀时间常数有关；K 为伺服比例阀流量增益。

课题组在常规 PID 控制下的变排量非对称泵控制试验中，得出非对称泵斜盘角度控制系统存在振荡较大的问题。试验中电机转速为 1 000 r/min。试验中斜盘目标角度为 ±5°。电动机启动后，0 至 20 s 斜盘目标角度保持 0°，20 s 至 46 s 斜盘目标角度为 5°，46 s 后调整斜盘目标角度 −5°，62 s 后再次改变的斜盘目标角度为 5°，86 s 后再次改变斜盘目标角度为 −5°。图 5.3 为常规 PID 控制下的控制试验中的斜盘角度实际响应值和目标值。

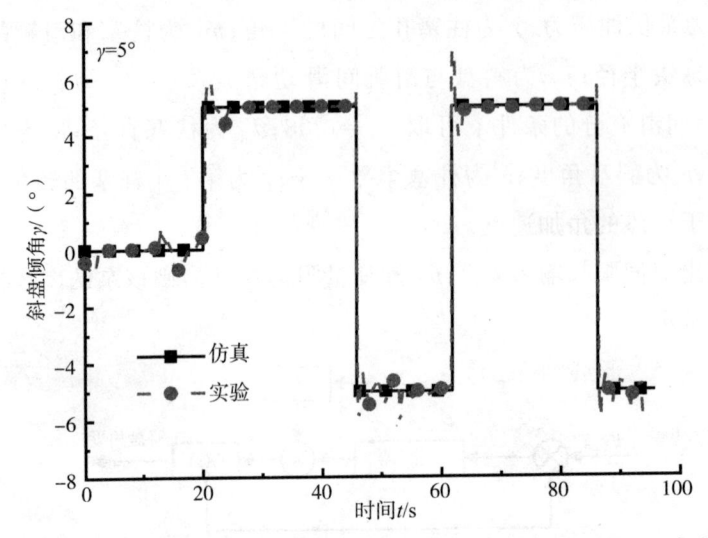

图 5.3 常规 PID 控制下的控制试验中的斜盘角度实际响应值和目标值

由图 5.3 可知,变排量非对称泵斜盘实际角度响应值与目标角度值相比存在较大振荡。这种振荡是由变排量机构存在较大的变量阻力矩 T_γ 引起的,且由公式(5-2)可知,该变量阻力矩的幅值和频率较难确定,故不易对干扰直接进行补偿。常规 PID 控制具有原理简单和实用面广等优点,但控制系统存在干扰信号时性能较差,因此需采用抗扰控制方法来解决斜盘振荡问题。

5.2 非对称泵的抗扰控制

5.2.1 常用的抗干扰控制方法

1.指数收敛干扰观测器

干扰观测器作用是以估计输出与实际输出的差值对估计值进行补偿。指数收敛干扰观测器设计为[136]:

$$\dot{\hat{d}} = V(d - \hat{d}) = -V\hat{d} + Vd \tag{5-5}$$

式中:d 为外界干扰;$\hat{d}$ 为干扰估计值;V 是与收敛精度相关的参数,通过设计

第 5 章 非对称泵变排量抗扰控制及试验研究

V,使干扰估计值 $\hat{d}$ 按指数逼近干扰 d。

2. 非线性 PID 控制器

一种常用的非线性 PID 控制器 $\bar{\omega}$ 表示为

$$\bar{\omega} = p_1 \text{fal}(e_1, \lambda_1, \delta) + p_2 \text{fal}(e_2, \lambda_2, \delta) \tag{5-6}$$

式中:p_1,p_2 分别为比例和微分时间常数;λ_1 和 λ_2 为设计参数;e_1 为期望位置与输出位置之差;e_2 为期望位置的微分与输出位置的微分之差;δ 为线性段的区间长度。

为避免高频振荡现象,将幂函数设计为饱和函数,如式(5-7)所示:

$$\text{fal}(e, \lambda, \delta) = \begin{cases} \dfrac{e}{\delta^{\lambda-1}}, & |e| \leqslant \delta \\ |e|^{\lambda} \text{sgn}(e), & |e| > \delta \end{cases} \tag{5-7}$$

式中:λ 为设计参数。

3. 自抗扰控制器

在自抗扰控制中采用微分器安排过渡过程,非线性微分跟踪器设计为[137]

$$\begin{cases} r_1(k+1) = r_1(k) + h r_2(k) \\ r_2(k+1) = r_2(k) + h \text{fst}(r_1(k) - v(k), r_2(k), \sigma, h) \end{cases} \tag{5-8}$$

式中:h 为采样周期;$v(k)$ 为第 k 时刻的输入信号。

利用公式(5-8)可通过 $r_1(k)$ 对 $v(k)$ 进行跟踪,即 $r_1(k) \to v(k)$,同时还可通过 $r_2(k)$ 跟踪 $v(k)$ 的微分,即 $r_2(k) \to \dot{v}(k)$;σ 为决定跟踪速度的参数。fst 函数为最速控制综合函数,描述如下:

$$\text{fst}(l_1, l_2, \sigma, h) = \begin{cases} -\sigma \text{sgn}(a), & |a| > f \\ -\sigma \dfrac{a}{f}, & |a| \leqslant f \end{cases} \tag{5-9}$$

$$a = \begin{cases} l_2 + \dfrac{a_0 - f}{2} \text{sgn}(\xi), & |\xi| > f_0 \\ l_2 + \sigma \dfrac{\xi}{f}, & |\xi| \leqslant f_0 \end{cases} \tag{5-10}$$

式中:$f = \sigma h, f_0 = hf, \xi = l_1 + h l_2, a_0 = \sqrt{f^2 + 8\sigma |\xi|}$。

在自抗扰控制方法中,由线性扩张观测器实现扰动估计和补偿[138]。线

性扩张观测器设计为

$$\dot{\hat{x}}_1 = \hat{x}_2 + \frac{\alpha_1}{\varepsilon}(y - \hat{x}_1) \tag{5-11}$$

$$\dot{\hat{x}}_2 = bu + \frac{\alpha_2}{\varepsilon^2}(y - \hat{x}_1) \tag{5-12}$$

$$\hat{\chi} = \frac{\alpha_3}{\varepsilon^3}(y - \hat{x}_1) \tag{5-13}$$

式中：$\hat{x}_1$、$\hat{x}_2$ 和 $\hat{\chi}$ 为观测器状态；α_1、α_2、α_3、ε 为设计参数；u 为控制信号；y 为被控对象输出。

自抗扰控制器采用非线性 PID 控制[139]。

4. 滑模控制器

为减少滑模抖动，采用准滑动模态滑模控制方法。与一般滑模控制不同，准滑动模态滑模控制方法使一定范围内的状态点均被吸引至某一邻域内，使它从根本上避免或削弱了抖振，从而在实际中得到了广泛的应用。

准滑动模态滑模控制方法采用连续函数 $\theta(\psi)$ 取代常规滑模控制方法中的 $\mathrm{sgn}(\psi)$ 函数。

$$\theta(\psi) = \frac{\psi}{|\psi| + \omega} \tag{5-14}$$

式中：ψ 为滑模函数；ω 为切换面边界层参数，且 ω 是很小的正常数。滑模控制器设计为

$$\nu = \frac{1}{g}(-l + \ddot{\theta}_d + c\dot{e} + \eta\theta(\psi)) \tag{5-15}$$

式中：ν 为控制器的输出；θ_d 为目标角度，误差为 $e = \theta_d - \theta$；滑模函数 $\psi = \dot{e} + ce$；c 为滑模切换面参数；η 为切换项增益；参数 g 和 l 与传递函数相关。

5.2.2 基于 SimulationX 和 Simulink 的抗扰控制仿真

SimulationX 是多学科领域建模、仿真和分析的通用 CAE 工具，元件库包括：1D 力学、3D 多体系统、动力传动系统、液力学等[140-141]。如图 5.4 所示为 SimulationX 建立的变排量机构模型。

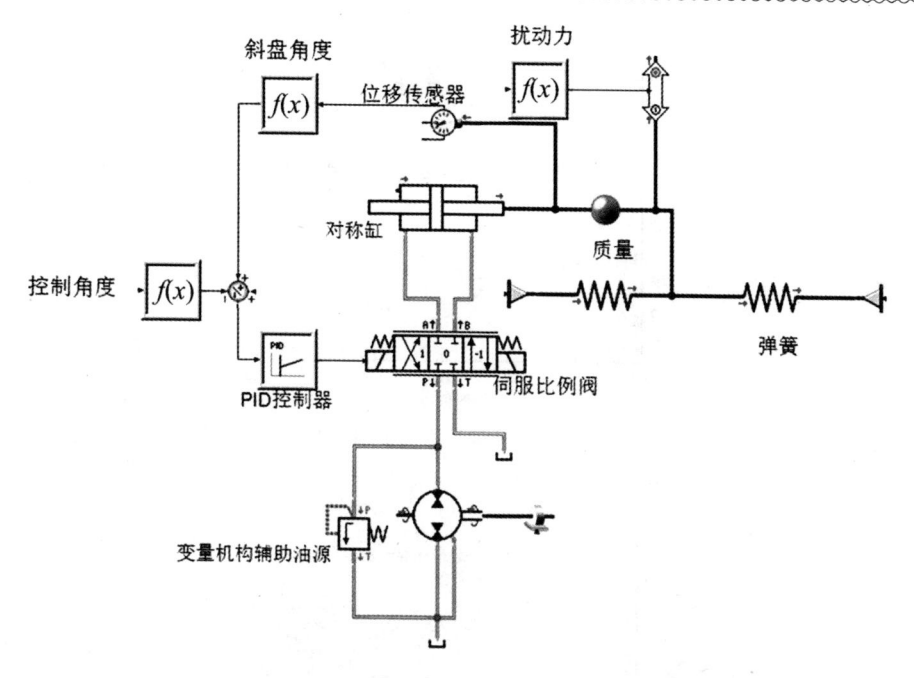

◇ 第 5 章 非对称泵变排量抗扰控制及试验研究 ◇

图 5.4 变排量非对称泵的控制系统仿真模型

Simulink 具备与 SimulationX 联合仿真的功能,采用 Simulink 可搭建抗干扰控制器[142-143]。如图 5.5 所示,建立滑模控制器模型。

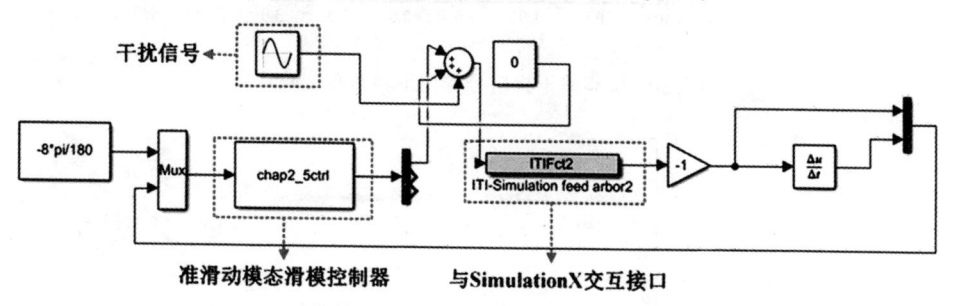

图 5.5 滑模控制器 Simulink 模型

干扰信号采用不同频率的正弦信号,频率分别为 10 Hz,20 Hz,100 Hz,正弦信号幅值均为 0.05。干扰信号在图 5.5 所示的 Simulink 控制器中设置。

同时启动 SimulationX 和 Simulink 进行联合仿真,分别得到不同频率干扰信号作用下的斜盘角度的响应特性图 5.6(a)、图 5.6(b)、图 5.6(c)。斜盘角度波动量如表 5.1 所示。

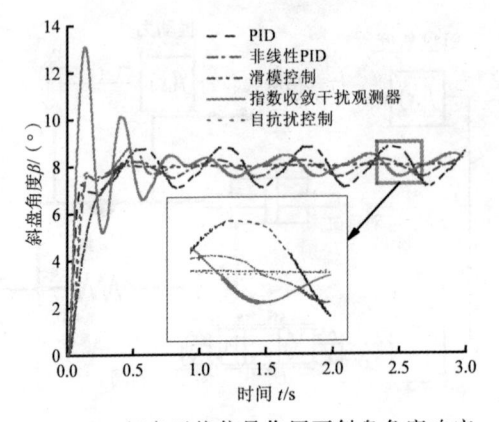

(a) 10 Hz 频率干扰信号作用下斜盘角度响应

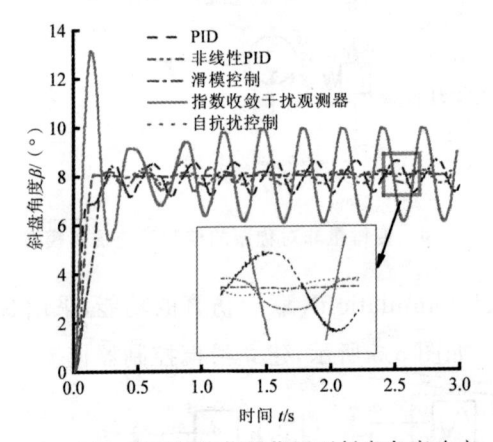

(b) 20 Hz 频率干扰信号作用下斜盘角度响应

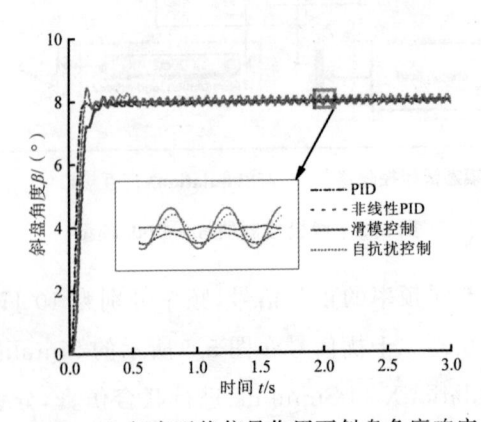

(c) 100 Hz 频率干扰信号作用下斜盘角度响应

图 5.6 不同频率干扰信号作用下斜盘角度响应

斜盘角度响应仿真结果分析:非线性 PID 相比常规 PID 具有较强抗干扰

性能。指数收敛干扰观测器随干扰频率升高抗干扰性能下降,该方法适用于对低频干扰信号的补偿,对高频干扰信号的抑制效果较差,表 5.1 和图 5.6(c)不计入统计。

表 5.1 不同频率干扰信号作用下斜盘角度波动量对比

控制方法	主要控制参数	10 Hz	20 Hz	100 Hz
常规 PID 控制	$P=2, I=0.9, D=0.01$	1.7	1.3	0.08
非线性 PID 控制	$p_1=0.75, p_2=1.5$	0.74	0.53	0.226
指数收敛干扰观测器	$V=1\,000$	0.83	6.29	不统计
自抗扰控制	线性扩张观测器 $\alpha_1=6, \alpha_2=11, \alpha_3=6$	0.11	0.269	0.311
滑模控制	$c=35, \eta=50, \omega=0.015$	0.03	0.029	0.019

表头:不同频率干扰信号斜盘振荡值/(°)

自抗扰控制方法对 10 Hz 和 20 Hz 频率干扰信号抑制性能良好,但比滑模控制稍差,在 100 Hz 频率下斜盘角度振荡值较大,因此自抗扰控制方法对于高频干扰信号的抑制效果也不理想。

相比其他方法,滑模控制抗扰效果明显(见表 5.1)。在频率为 10 Hz,20 Hz,100 Hz 干扰信号作用下,常规 PID 控制时斜盘角度波动量分别为 1.7°,1.3°,0.08°,而滑模控制算法则为 0.03°,0.029°,0.019°,仅为常规 PID 的 1.7%,2.2%,23.8%。

非对称泵的斜盘振荡将直接影响该泵输出流量的稳定性,图 5.7 是对 B 口流量的分析,结果表明:在 20 Hz 频率干扰信号作用下,B 口流量振荡趋势与斜盘振荡趋势基本一致。采用滑模控制时 B 口流量输出平稳,其次是自抗扰控制方法,基于常规 PID 控制方法的斜盘振荡最大。

滑模控制方法具有干扰能力强和鲁棒性好的优点,但也存在抖振问题。图 5.8 所示为不加干扰时滑模控制斜盘响应情况。虽然没有施加干扰,但图 5.8 中斜盘还是呈现一定的抖动,即在光滑的滑动面上叠加了抖振。滑模控制出现抖振的原因在于控制对象存在惯性,理想的滑动模态不考虑惯性问题,但现实中惯性必然存在,因此滑模控制抖振现象不可避免。通过选择合理的滑模控制参数有助于改善抖振现象,因此有必要对滑模控制主要参数进行整定[144-145]。

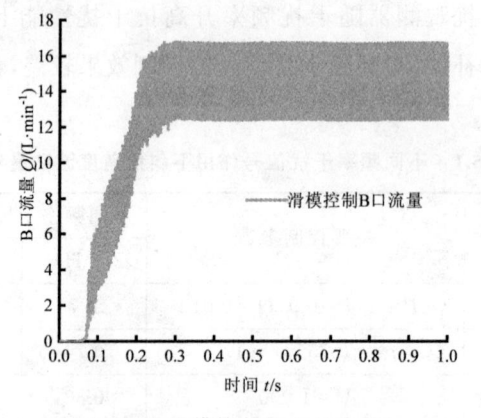

(a) 基于滑模控制的 B 口流量

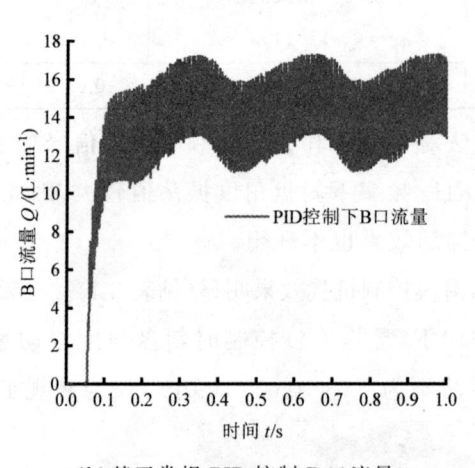

(b) 基于常规 PID 控制 B 口流量

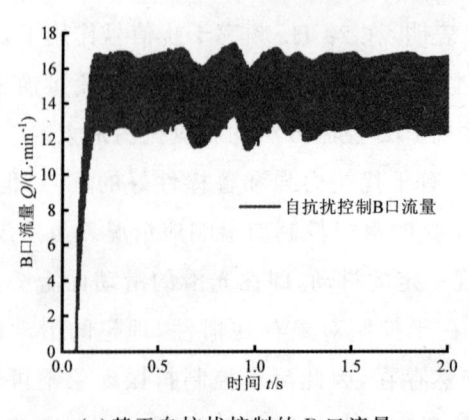

(c) 基于自抗扰控制的 B 口流量

图 5.7　在 20 Hz 频率干扰信号作用下不同控制方法的 B 口流量

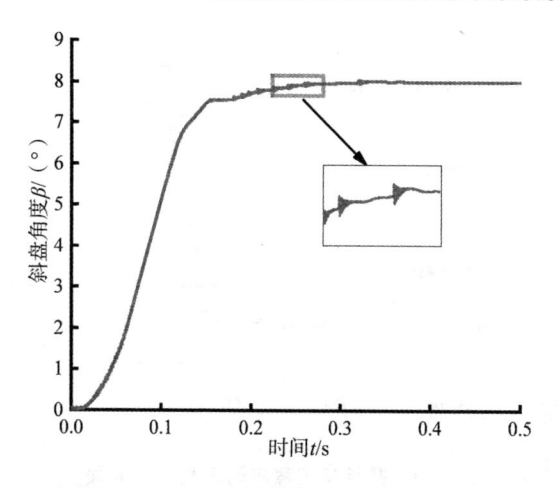

图 5.8 基于滑模控制的斜盘响应

5.3 基于粒子群算法的滑模控制参数并行整定方法

5.3.1 基于粒子群算法的并行整定程序

粒子群算法的优化目标函数定义为斜盘角度的跟踪误差 μ，如公式 (5-16) 所示，$|e|$ 表示绝对值误差。优化设计变量滑模切换面参数 c；切换项增益 η、切换面边界层参数 ω，见公式 (5-14) 和 (5-15)。斜盘目标角度为 8°，并施加频率为 100 Hz、幅值 0.05 的正弦干扰信号。

$$\mu = \int |e| \, \mathrm{d}t \tag{5-16}$$

5.3.2 整定结果分析

基于粒子群算法的滑模控制参数并行整定程序采用 C++ 编写，可实现人机交互界面可视化和参数化，并可绘制整定后的斜盘角度响应曲线，并行整定程序的人机交互界面如图 5.9 所示。

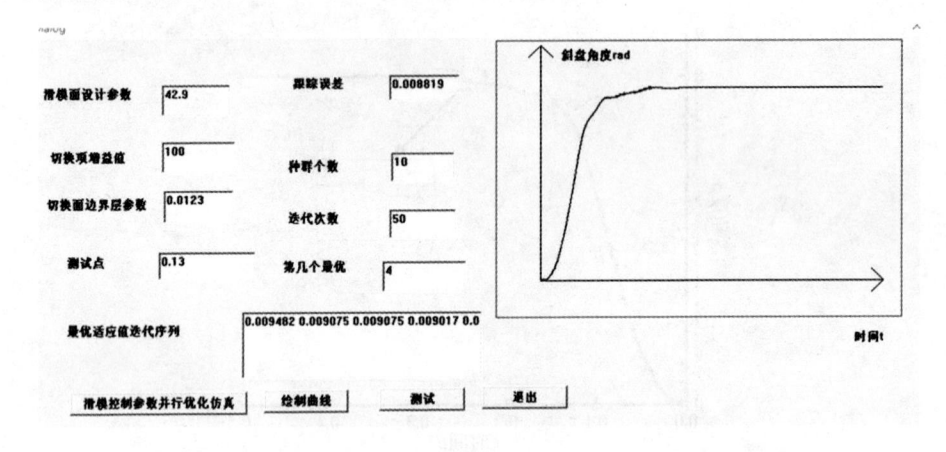

图 5.9 并行整定程序的人机交互界面

并行整定程序采用粒子群算法进行寻优,不同迭代次数对整定效果和仿真耗时也有差异,迭代次数越大,寻优效果也越好,但耗时也会越长。因此,需要得到合理的迭代次数既能满足整定效果,同时仿真耗时也在可接受的范围内。图 5.10 为 20 次迭代和 50 次迭代时整定效果对比。跟踪误差变化趋势如图 5.10(a)所示。随着迭代次数增加,不同迭代次数条件下,由公式(5-16)计算得到的跟踪误差均呈现减少趋势,即斜盘角度实际响应与目标值的偏差变小。20 次迭代和 50 次迭代的结果相差并不多,但 50 次迭代耗时更长,因此 20 次迭代已能满足整定要求且耗时相对较短。

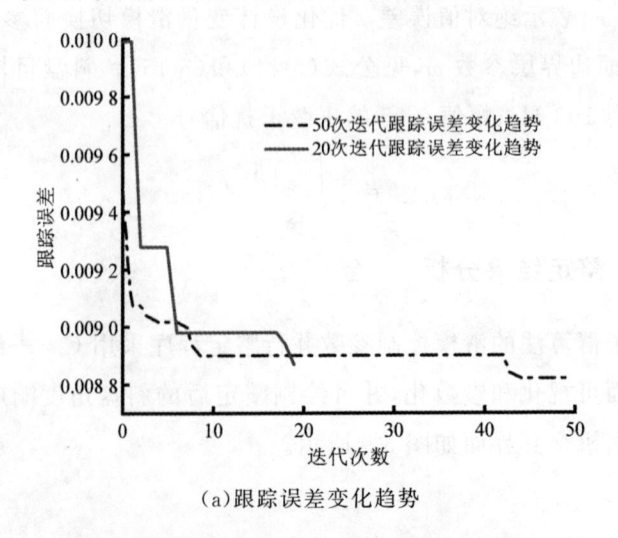

(a)跟踪误差变化趋势

图 5.10 20 次和 50 次迭代整定效果对比

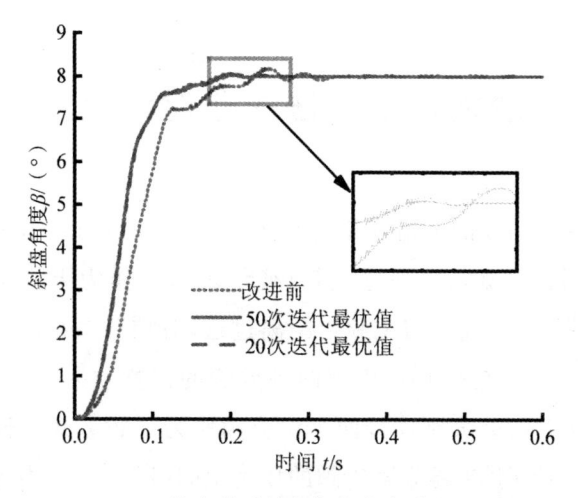

(b)整定前后斜盘角度响应对比

图 5.10　20 次和 50 次迭代整定效果对比(续)

图 5.10(b)从斜盘响应曲线稳定性方面来对比 20 次和 50 次迭代以及改进前效果。经 20 次和 50 次迭代得到的斜盘响应曲线的振荡均明显小于改进前,50 次迭代的整定效果略优于 20 次迭代,但相差无几,20 次迭代基本能满足性能要求。经 50 次迭代后,优化整定后的滑模切换面参数为 42.9,切换项增益为 100,滑模切换面边界层参数值为 0.012 3。整定后的最大超调量有明显减小,整定前最大超调量为 0.168,整定后下降为 0.021,仅为整定前的 12.5%。整定前斜盘控制系统的上升时间约为 0.33 s,整定后下降为 0.22,上升时间缩短约 0.1 s。

参数整定常通过反复手动调整仿真模型参数,直到达到一个满意的结果为止。手动调整参数方法通常依赖于经验,多个参数时常需调整几十次。经二次开发后的 exe 仿真程序采用了 CVODE 外部求解器,该求解器的算法基于 C 代码编译,因此应用该求解器对复杂模型的求解速度更快。单次 SimulationX 3.8 平台仿真耗时 420 s,20 次平台仿真则需耗时 8 400 s。并行整定程序经过 20 次迭代耗时 2 160 s 左右,共执行 200 个 exe 仿真程序,每个 exe 仿真程序的平均耗时仅为 10.8 s。因此,利用多核计算机的多进程性能同时运行多个 exe 仿真程序,充分利用了多核 CPU 计算性能,与 SimulationX 3.8 仿真平台运行对比,效率提高数十倍以上。

5.4　基于滑模控制方法的非对称泵变排量试验

本节将采用图 5.5 的准滑动模态滑模控制方法进行试验,并与常规 PID 控制方法进行对比。如前文所述,斜盘变量阻力矩作为干扰源,引起了变排量机构斜盘振荡,且变频器与试验台距离过近,对控制系统的干扰较大,下面通过试验对比滑模控制和 PID 控制两种方法的抗扰效果。为方便调节加载压力,在 B 口和 T 口处分别连接两个溢流阀作为加载方式。通过 DSpace 测量压力传感器数值,手动调节溢流阀的压力值,B 口溢流压力为 5 MPa,T 口溢流压力为 0 MPa。

斜盘角度目标值设定为 8°。图 5.11 为滑模控制和 PID 控制方法斜盘角度响应图。表 5.2 为变排量斜盘角度误差对比。试验结果表明,滑模控制和 PID 控制均存在角度误差,滑模控制角度最大误差为 0.3°,而 PID 控制的最大误差为 0.7°,滑模控制的误差小于 PID 控制误差,滑模控制方法的角度误差降低了 57.1%。

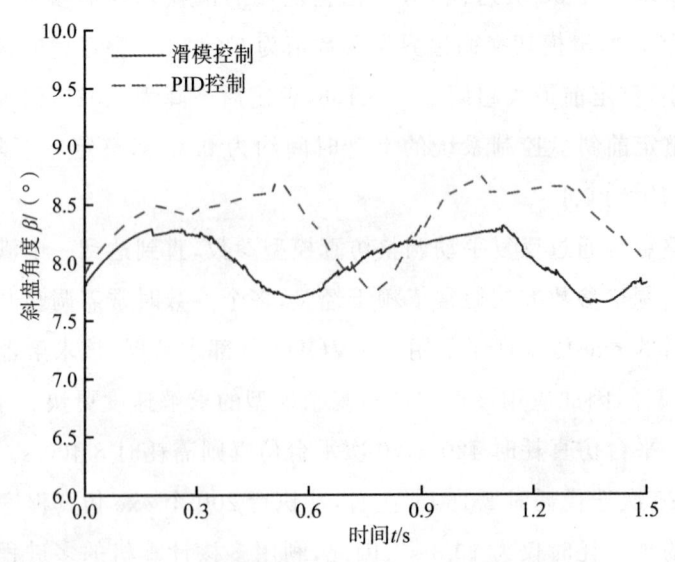

图 5.11　滑模控制和 PID 控制方法斜盘角度响应

◇ 第5章 非对称泵变排量抗扰控制及试验研究 ◇

表5.2 变排量斜盘角度误差对比

控制方法	斜盘目标角度/(°)	电机转速/(r·min⁻¹)	误差/(°)
PID控制	8°	1 000	0.7
滑模控制	8°	1 000	0.3

图5.12为滑模控制和PID控制方法的T口流量对比曲线,与斜盘角度响应图基本一致。表5.3为T口流量脉动率统计和对比,滑模控制的T口脉动率为0.3,PID控制的T口脉动率为0.36。试验结果表明,滑模控制脉动率小于PID控制,脉动率降低了约16.7%。

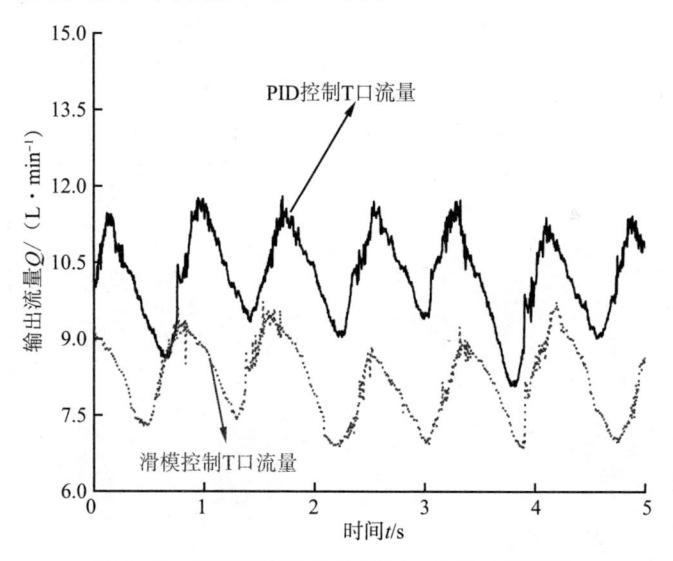

图5.12 滑模控制和PID控制方法的T口流量

表5.3 T口流量脉动率统计和对比

不同控制方法	最大流量/(L·min⁻¹)	最小流量/(L·min⁻¹)	平均值/(L·min⁻¹)	脉动率
PID控制	11.8	8.17	9.98	0.36
滑模控制	9.49	6.96	8.225	0.30

5.5　本章小结

本章提出将非对称泵的变量阻力矩视作干扰信号,采用抗干扰控制方法以提高变排量机构斜盘角度响应性能。与常规 PID 控制、指数收敛干扰观测器、非线性 PID 控制、自抗扰控制相比,滑模控制方法能有效降低斜盘振荡和流量脉动。试验结果表明,与 PID 控制方法相比,滑模控制方法斜盘角度误差降低了 57.1%,T 口流量脉动率降低了约 16.7%。

第 6 章　结论与展望

6.1　主要研究结论

　　本书针对非对称泵势能回收系统存在储能密度低、充放油过程压力不稳定、非对称泵势能回收系统参数匹配耗时较长、变排量控制系统抗扰能力差等问题,研究了非对称泵恒压蓄能势能回收系统、恒压蓄能器试制工艺、不同吨位挖掘机非对称泵势能回收系统快速参数匹配方法、非对称泵抗干扰控制方法。主要研究结论如下:

　　(1)提出了非对称泵恒压蓄能势能回收系统,并对回收方案进行理论分析和仿真;提出了一种碳纤维和丁腈橡胶双层材料承载的恒压蓄能器,试制了恒压蓄能器,进一步通过试验验证了非对称泵恒压蓄能势能回收系统的可行性。试验结果表明,非对称泵恒压蓄能势能回收系统节省能耗约 365 J,节能率为 11.7%。相比囊式蓄能器,恒压蓄能器具有一定减缓油液压力上升的效果,但未完全实现绝对恒压效果。

　　(2)提出了一种基于多核 CPU 的复杂液压产品快速并行优化方法。该方法提出两种加速策略,分别为 CVODE 求解器加速和多核 CPU 加速。实现了优化过程独立运行于 Windows 操作系统,解决液压动态仿真对专业软件依赖的问题。进一步利用粒子群算法对三角槽主要参数进行了优化以降低泵输出流量脉动,利用 C++ 开发了相应的快速优化软件,优化后的流量脉动相比优化前降低了 36%。在 8 核 CPU 工作站仿真条件下,与 SimulationX 平台仿真方法相比,该多核 CPU 并行方法的仿真效率提高 10 倍以上,与双核计算机并行运行效率相比提高近 5 倍。

(3)提出了一种新型多物态模拟优化算法,并应用于上述基于多核 CPU 并行优化方法。通过 28 个 CEC2013 测试函数,与多种优化算法进行对比。数值试验表明多物态模拟算法的复合物态方法具有在全局搜索性能和局部搜索性能之间的平衡能力。多物态模拟算法性能达到了改进的 ABC 算法和粒子群算法水平。采用基于离散时间线性系统理论证明了算法收敛性。

(4)提出了将多物态模拟优化算法与多核 CPU 并行优化方法结合,用于系列化挖掘机势能回收系统参数匹配。开发了相应的快速参数匹配软件,获得了不同吨位挖掘机势能回收系统所需的非对称泵的排量、结构及相关部件参数推荐表。仿真结果显示,7T、12T、20T 和 30T 挖掘机动臂能量回收系统的节能率分别达到了 23.5%、35.3%、31.25% 和 27.88%。

(5)提出了采用滑模控制方法以提高非对称泵变排量抗扰性能。提出了采用快速并行整定方法对主要控制参数进行整定,开发了整定软件。通过试验验证了滑模控制方法的变排量控制特性。试验结果表明,与 PID 控制相比,采用滑模控制的斜盘角度误差降低了 57.1%,T 口流量脉动率降低了 16.7%。

6.2 创新点

(1)针对囊式蓄能器回收系统存在充放油过程油液压力不能恒定、储能密度低的问题,提出了非对称泵恒压蓄能势能回收系统。研发了一种碳纤维和丁腈橡胶双层材料承载的新型恒压蓄能器。

(2)针对当前液压动态仿真和优化算法不易融合的问题,提出了基于多核 CPU 的复杂液压产品快速并行优化方法。有效提高了液压系统并行优化效率,解决动态仿真的优化过程对仿真软件的依赖问题。

(3)针对当前智能优化算法不易平衡全局搜索性能和局部搜索性的问题,将有限元思想移植到智能优化算法,提出了一种多物态模拟优化算法。

6.3　展望

动势能回收方法是工程机械行业热点研究方向，涉及多学科交叉、多技术融合，是一个十分复杂的课题。本书对非对称泵恒压蓄能势能回收系统做了相关研究，后续工作可从以下三个方面展开研究。

(1)进一步改进恒压蓄能器结构，在蓄能器壳体上开孔，与外界相通。在壳体内部碳纤维处布置、设置活塞位移限制块，以取代本书中采用后盖通气管与外界进行连通的方案。蓄能器试制后续工作可提高安全性和充入更高压力的氮气。

(2)因恒压蓄能器试验条件有限，本书未开展对挖掘机动臂能量回收开展研究，挖掘机负载工况更加复杂多变，研究工作更具挑战性和实用性，吨位越大可回收的重力势能也显著增加，节能效果也会更加显著。

(3)本书研究的侧重点为蓄能器充放油恒定对非对称泵控差动缸系统的节能影响。为方便分析，本书对碳纤维和丁腈橡胶结合的建模进行了简化，下一步工作将对复合材料进行合理建模。

参考文献

[1] 李腾.2020—2022年1—8月挖掘机械销量及机型分布统计分析[J].今日工程机械,2022,245(05):18-19.

[2] 郭志强.工程机械行业之变:数字化赋能,掘金全球大市场[J].中国经济周刊,2022,844(24):42-44.

[3] 葛磊,张晓刚,权龙,等.变转速非对称泵直驱液压挖掘机斗杆试验研究[J].机械工程学报,2017,53(16):210-216.

[4] 孙宣德.四配流窗口轴向柱塞马达特性研究[D].太原:太原科技大学,2018.

[5] 高有山,权龙,赵斌,等.工程机械作业机构能量回收技术研究现状[J].液压与气动,2019,(10):1-10.

[6] 王昌.混合动力推土机再生制动能量回收控制策略研究[D].西安:长安大学,2018.

[7] HE X,LIU H,HE S,et al.Research on the energy efficiency of energy regeneration systems for a battery-powered hydrostatic vehicle[J].Energy,2019,178(1):400-418.

[8] 黄宗益,李兴华,陈明.液压挖掘机节能措施[J].建筑机械化,2004(08):51-54.

[9] 王猛,王毅然,高有山,等.四配流窗口轴向柱塞马达机液耦合仿真分析[J].液压与气动,2021,45(06):26-32.

[10] ANDERSEN.Regeneration of potential energy in hydraulic forklift trucks[C].Sixth International Conference on Fluid Power Transmission & Control,2005.

[11] 周山旭.纯电动挖掘机动臂混合式能量回收系统研究[D].贵州:贵州大

[12] 林添良.混合动力液压挖掘机势能回收系统的基础研究[D].杭州:浙江大学,2011.

[13] 李志洪.电动/发电-泵/马达阀口压差控制的电动叉车举升节能系统[D].厦门:华侨大学,2022.

[14] LAI X L,GUAN C,LIN X.Fuzzy logical control algorithm based on engine on/off state switch for hybrid hydraulic excavator[J].Advanced Materials Research,2011,6(5):228-229.

[15] 王婧婷,宋佳蔓.卡特彼勒力推 Cat336D2XE 液压混合动力挖掘机[J].建设机械技术与管理,2015,28(09):40-41.

[16] FRITZ D.Hybrid innovations for hydraulic braking[J].SAE Off-Highway Engineering,2008,16(4):41-43.

[17] WU B,LIN C-C,FILIPI Z.et al.Optimal power management for a hydraulic hybrid delivery truck[J].Vehicle System Dynamics,2004,42(1):23-40.

[18] BRUUN L.Swedish developed energy saving system in Caterpillars excavators[J].Fluid Scandinavia,2002(2):6-9.

[19] 葛磊.分布式变转速容积驱动液压挖掘机控制原理及其特性研究[D].太原:太原理工大学,2018.

[20] GE L,QUAN L,LI Y W,et al.A novel hydraulic excavator boom driving system with high efficiency and potential energy regeneration capability[J].Energy Conversion and Management,2018,166:308-317.

[21] GE L,LONG Q,ZHANG X G,et al.Efficiency improvement and evaluation of electric hydraulic excavator with speed and displacement variable pump[J].Energy Conversion and Management,2017,150:62-71.

[22] 胡鹏,朱建新,刘昌盛,等.液压挖掘机动臂势能交互回收利用系统特性[J].吉林大学学报(工学版),2022,52(10):2256-2264.

[23] 任好玲,林添良,叶月影,等.基于平衡油缸的动臂势能回收系统参数设计与试验[J].中国公路学报,2017,30(2):153-158.

[24] 陈欠根,李百儒,宋长春,等.新型液压挖掘机动臂势能回收再利用系统

研究[J].广西大学学报(自然科学版),2013,38(02):292-299.

[25] WANG T,WANG Q F.Efficiency analysis and evaluation of energy-saving pressure compensated circuit for hybrid hydraulic excavator[J]. Automation in Construction,2014,47(11):62-68.

[26] 王滔.混合动力挖掘机动臂能量回收单元及系统研究[D].杭州:浙江大学,2013.

[27] HIPPALGAONKAR R,ZIMMERMAN J,IVANTYSYNOVA M.Fuel savings of a mini-excavator through a hydraulic hybrid displacement controlled system[C].Proceedings of 8th IFK International Conference on Fluid Power,Dresden,Germany,2012,March 24-26:139-154.

[28] DAHER N,IVANTYSYNOVA M.New steering concept for wheel loaders[C].Proceedings of the 9th International Fluid Power Conference,Aachen,Germany,2014,March 24-26:224-235.

[29] KANG R J,JIAO Z X,WANG S P.Design and simulation of electro-hydrostatic actuator with a built-in power regulator[J].Chinese Journal of Aeronautics,2009,22(6):700-706.

[30] JONG I Y,DINH Q T,KYOUNG K A.A generation step for an electric excavator with a control strategy and verifications of energy consumption[J].International Journal of Precision Engineering and Manufacturing,2013,14(5):755-766.

[31] 瞿炜炜,周连佺,张楚,等.液压储能技术的研究现状及展望[J].液压与气动,2022,46(06):93-100.

[32] POURMOVAHED A,BAUM S A,FRONCZAK F J,et al.Experimental evaluation of hydraulic accumulator efficiency with and without elastomeric foam[J].Journal of Propulsion and Power,1988,4(2):185-192.

[33] LI P Y,VAN DE VEN J D,SANCKEN C.Open accumulator concept for compact fluid power energy storage[C].Proceedings of the ASME International Mechanical Engineering Congress,Seattle,WA,2007.

[34] COLE G,VAN DE VEN J D.Design of a variable radius piston profile

generating algorithm[C].Proceedings of the ASME International Mechanical Engineering Conference and Exposition,Buena Vista,2009.

[35] 权凌霄.参数可变液压蓄能器研究[D].秦皇岛:燕山大学,2010.

[36] LATAS W,STOJEK J.A new type of hydrokinetic accumulator and Its simulation in hydraulic lift with energy recovery system[J].Energy,2018,153:836-848.

[37] 鲍东杰,王爱红,秦泽,等.基于四配流窗口液压泵的液压飞轮蓄能器[J].机床与液压,2021,49(10):117-121.

[38] LIU Y X,XU Z C,LIN H,et al.Analysis of energy characteristic and working performance of novel controllable hydraulic accumulator with simulation and experimental methods [J].Energy Conversion and Management,2020,221:113-196.

[39] MOULIK B,KARBASCHIAN M A,SOFFKER D.Size and parameter adjustment of a hybrid hydraulic powertrain using a global multi-objective optimization algorithm[C].2013 9th IEEE Vehicle Power and Propulsion Conference,Beijing,China,2013:310-315.

[40] WANG X.Parameters and control optimization of hybrid vehicle based on simulation model[J].The Journal of Engineering,2019(13):93-97.

[41] WOON M,NAKRA S,IVANCO A,et al.Series hydraulic hybrid system for a passenger car design lintegration and packaging study[C].SAE World Congress & Exhibition,2012-01-1031.

[42] 王波.复合蓄能器液压混合动力系统匹配方法及控制策略研究[D].秦皇岛:燕山大学,2019.

[43] 林贵堃,胡鹏,龚进.基于平衡油缸的势能回收系统参数匹配与试验[J].现代制造工程,2019(11):129-135.

[44] 林添良,叶月影,刘强.挖掘机动臂闭式节能驱动系统参数匹配[J].农业机械学报,2014,45(01):21-26.

[45] 刘昌盛,何清华,张大庆,等.混合动力挖掘机势能回收系统参数优化与试验[J].吉林大学学报(工学版),2014,44(02):379-386.

[46] 谭贤文,胡波,方锦辉,等.油液混合动力挖掘机建模与参数匹配仿真研究[J].液压与气动,2016(12):46-53.

[47] 武鹏飞,颜凌云,包宗贤.浅析液压系统仿真技术现状及发展趋势[J].机床与液压,2011,290(08):133-134.

[48] 刘海丽,李华聪.液压机械系统建模仿真软件AMESim及其应用[J].机床与液压,2006(06):124-126.

[49] 郑洪波,孙友松.基于Simulink/Sim Hydraulics的液压系统仿真[J].锻压装备与制造技术,2010,45(06):31-34.

[50] 刘宝生.SimulationX多学科建模和仿真工具[J].CAD/CAM与制造业信息化,2009(09):34-36.

[51] 林诗洁,董晨,陈明志,等.新型群智能优化算法综述[J].计算机工程与应用,2018,54(12):1-9.

[52] BONABEAU E,MEYER C.Swarm intelligence:a whole new way to think about business[J].Harvard Business Review,2001,79(05):106-114.

[53] 冯春时.群智能优化算法及其应用[D].合肥:中国科学技术大学,2009.

[54] HOLLAND J.Adaptation in natural and artificial systems.1992:MIT press Cambridge,MA.

[55] 席裕庚,柴天佑,恽为民.遗传算法综述[J].控制理论与应用,1996(06):697-708.

[56] HOMEM DE MELLO L S.A correct and complete algorithm for the generation of mechanical assembly sequences[C].IEEE,1991,7(2):228-240.

[57] EBERHART R,KENNEDY J.New optimizer using particle swarm theory[C].In:MHS'95 Proceedings of the Sixth International Symposium on Micro Machine and Human Science.IEEE,Piscataway,NJ,USA,1995:39-43.

[58] EBERHART R,SHI Y.Tracking and optimizing dynamic systems with particle swarms[C].Proceedings of the 2001 Congress on Evolutionary

Computation.IEEE:Piscataway,NJ,USA,2001:94-100.

[59] SHEN X,et al.A dynamic adaptive particle swarm optimization for knapsack problem[C].Proceedings of Wcica 2006:Sixth World Congress on Intelligent Control and Automation.IEEE,2006:3183-3187.

[60] 肖宁,曾建潮,李卫斌.基于PSO求解随机期望值模型的混合智能算法[J].计算机工程与应用,2009,45(10):45-48.

[61] LAKSHMANAPRABU S K,SHANKAR K,RANI S S,et al.An effect of big data technology with ant colony optimization based routing in vehicular ad hoc networks:Towards s mart cities[J].Journal of Cleaner Production,2019,217(4):584-593.

[62] 李涛,赵宏生.基于进化蚁群算法的移动机器人路径优化[J].控制与决策,2023,38(03):612-620.

[63] 钱伟懿,张桐桐.自适应中心引力优化算法[J].计算机科学,2012,39(06):207-209.

[64] RASHEDI E,NEZAMABADI P H,SARYAZDI S.GSA:A Gravitational Search Algorithm[J].Information Sciences,2009,179(13):2232-2248.

[65] 李鹏,徐伟娜,周泽远,等.基于改进万有引力搜索算法的微网优化运行[J].中国电机工程学报,2014,34(19):3073-3079.

[66] BIRBIL S,FANG R S.An electromagnetism-like mechanism for global optimization[J].Journal of Global Optimization,2003,25(3):263-282.

[67] 韩丽霞,王宇平.求解无约束优化问题的类电磁机制算法[J].电子学报,2009,37(03):664-668.

[68] FORMATO R.Central force optimization:a new nature inspired computational framework for multidimensional search and optimization[J].Nature Inspired Cooperative Strategies for Optimization,2008,129:221-238.

[69] FORMATO R.Improved CFO algorithm for antenna optimization[J].Prog.Electromagnetics Research,2010(19):405-425.

[70] FORMATO R.Central force optimization:a new deterministic gradient-

like optimization metaheuristic[J]. Journal of the Operations Research Society of India,2009,46(1):25-51.

[71] PAN Q K,WANG L,LI J Q,et al. A novel discrete artificial bee colony algorithm for the hybrid flowshop scheduling problem with makespan minimization[J]. Omega,2014,45(6):42-56.

[72] 李颖俐.基于人工蜂群算法的分布式混合流水车间调度方法研究[D].武汉:华中科技大学,2021.

[73] KARABOGA D. An idea based on honey bee swarm for numerical optimization [R]. Computers Engineering Department, Engineering Faculty,Erciyes University,2005.

[74] ZENG J C,JIE J,CUI Z H. Particle swarm optimization[M]. Beijing: Science Press,2004.

[75] XIE L P,ZENG J C,CUI Z H. On mass effects to artificial physics optimization algorithm for global optimization problems[J]. International Journal of Innovative Computing and Applications,2010,2(2):69-76.

[76] ERIK C,ALONSO E,MARTE A. An optimization algorithm inspired by the States of Matter that improves the balance between exploration and exploitation[J]. Appl Intell,2014,40(7):256-272.

[77] NEPOMUCENO F V,ENGELBRECHT A P. A self-adaptive heterogeneous PSO for real-parameter optimization[C]. Proceedings of IEEE congress on Evolution Computation,2013,361-368.

[78] ZHOU X Y,LU J X,HUANG J H,et al. Enhancing artificial bee colony algorithm with multielite guidance[J]. Information Sciences,2021,543(1):242-258.

[79] YU W J,ZHAN Z H,ZHANG J. Artificial bee colony algorithm with an adaptive greedy position update strategy [J]. Soft Computer,2018, 22 (2):437-451.

[80] WANG H,WU Z,RAHNAMAYAN S,et al. Multi-strategy ensemble artificial bee colony algorithm[J]. Information Sciences,2014,279(1):

587-603.

[81] 董勇,吴怀超,曹刚,等.重型液力自动变速器换挡电磁阀的油压动态特性优化研究[J].机械设计与制造,2022,380(10):41-45.

[82] 刘芳,董效辰,张亚振,等.基于AMEsim的汽车动力传动系统扭转振动分析及参数优化[J].机械强度,2022,44(03):509-516.

[83] 于润洋.基于MATLAB的现场钢轨闪光焊机动夹动态响应及控制研究[D].成都:西南交通大学,2018.

[84] 魏锋涛,宋俐,李言.基于iSIGHT平台的主轴箱多目标优化设计[J].制造技术与机床,2015,637(07):97-101.

[85] 吴跃斌.液压仿真软件ZJUSIM的开发与参数优化研究[D].杭州:浙江大学,2004.

[86] 崔小刚.液压仿真软件图形化建模技术研究与实现[D].杭州:浙江大学,2004.

[87] 金玉珍.基于分布式网络的液压系统仿真软件研究[D].杭州:浙江大学,2005.

[88] YOO B S,CHO J H,WANG C M,et al.Development of a simulation program for conceptual design of hybrid excavators[C].SICE Annual Conference,Tokyo,Japan,2011,September:318-322.

[89] ANTTI L,JUSSI S.Evaluation of energy storage system requirements for hybrid mining loaders[J].IEEE Transactions on Vehicular Technology,2012,61(8):3387-3393.

[90] CASOLI P,GAMBAROTTA A,POMPINI N,et al.Hybridization methodology based on DP algorithm for hydraulic mobile machinery application to a middle size excavator[J].Automation in Construction,2016,61(6):42-57.

[91] 肖清.液压挖掘机混合动力系统的控制策略与参数匹配研究[D].杭州,浙江大学,2008.

[92] 张建宇,范立云,袁航.电控单体泵高速电磁阀多目标优化分析[J].哈尔滨工程大学学报,2017,38(04):561-568.

[93] 叶绍干,葛纪刚,侯亮,等.基于遗传算法的轴向柱塞泵配流盘密封环结

构多目标优化[J].农业机械学报,2022,53(01):441-450.

[94] 耿付帅,魏秀业.基于蜂群算法的配流盘结构的仿真研究[J].机床与液压,2018,46(09):151-155.

[95] 吴珊,赵道新.基于遗传算法的海水液压溢流阀参数优化[J].液压与气动,2016(10):37-41.

[96] 王志红,卢梦成.基于遗传算法的变幅液压系统动态特性优化[J].数字制造科学,2019,17(01):59-63.

[97] 梅元元,陈奎生.基于SimHydraulics的液压阀参数化设计与优化[J].机床与液压,2013,340(10):78-80.

[98] 董文勇.一种高压大流量插装式先导型溢流阀的仿真分析与优化设计[J].液压与气动,2021,45(10):125-133.

[99] 高有山,成杰,黄家海,等.变排量非对称轴向柱塞泵特性仿真分析及试验[J].机械工程学报,2018,54(14):215-224.

[100] 吕振锋.电机驱动非对称变量轴向柱塞泵的势能回收方案研究[D].太原:太原科技大学,2019.

[101] WANG A H,LV Z F,GAO Y S.Potential energy recovery scheme with variable displacement asymmetric axial piston pump[J].Proceedings of the Institution of Mechanical Engineers Part Ⅰ Journal of Systems and Control Engineering,2020,234(8):875-887.

[102] 杨阳.非对称泵配流特性及其在挖掘机动臂回路中的应用[D].太原:太原理工大学,2011.

[103] VAN DE VEN J D.Constant pressure hydraulic energy storage through a variable area piston hydraulic accumulator[J].Applied Energy,2013,105(5):262-270.

[104] 马浩钦.基于恒压蓄能器的挖掘机动臂能量再生研究[D].太原:太原科技大学,2021.

[105] 张国贤.新型的恒压蓄能器[J].流体传动与控制,2015,69(02):62-63.

[106] 张路军,李继志,顾心怿,等.蓄能器类型及应用综述[J].机床与液压,2001(06):5-7.

[107] 王立彦.丁腈橡胶的应用[J].弹性体,2000(03):41-44.

[108] 吴刚,安琳,吕志涛.碳纤维布用于钢筋混凝土梁抗弯加固的试验研究[J].建筑结构,2000(07):3-6+10.

[109] 任慧韬.纤维增强复合材料加固混凝土结构基本力学性能和长期受力性能研究[D].大连:大连理工大学,2003.

[110] 张新元,何碧霞,李建利,等.高性能碳纤维的性能及其应用[J].棉纺织技术,2011,39(04):65-68.

[111] 宋仁国.高强度铝合金的研究现状及发展趋势[J].材料导报,2000(01):20-21+34.

[112] 吴仁恩.基于ANSYS的铝合金车体结构有限元分析研究[D].北京:北京交通大学,2008.

[113] 祖立武,李纪东,刘嘉欣,等.环氧树脂改性国内外研究现状[J].化工新型材料,2022,50(12):6-11.

[114] 林浩.桥梁加固用环氧结构胶开发研究[J].粘接,2017,38(03):50-53.

[115] 田佳.基于粒子群优化算法的多核多线程系统任务调度研究[D].武汉:武汉科技大学,2017.

[116] 刘亚鹏.基于并行优化算法的结构优化设计系统研究[D].成都:电子科技大学,2021.

[117] ZHANG X G,QUAN L,YANG Y,et al.Output characteristics of a series three-port axial piston pump[J].Chinese Journal of Mechanical Engineering,2012,25(3):498-505.

[118] HUANG J H,ZHAO H,QUAN L,et al.Development of an asymmetric axial piston pump for displacement-controlled system [J].Proc IMechE Part C:J Mechanical Engineering Science,2014,228(8):1418-1430.

[119] 张晓刚,权龙,杨阳,等.并联型三配流窗口轴向柱塞泵特性理论分析及试验研究[J].机械工程学报,2011,47(14):151-157.

[120] 景健.非对称柱塞泵直驱挖掘机液压缸系统特性研究[D].太原:太原理工大学,2016.

[121] 胡恩球,张新访,向文,等.有限元网格生成方法发展综述[J].计算机辅助设计与图形学学报,1997(04):91-96.

[122] 邹军,杨帅,程启问.电力高压设备高性能有限元电磁仿真方法综述与展望[J].南方电网技术,2022,16(12):1-8.

[123] 赵成刚,王进廷,史培新,等.流体饱和两相多孔介质动力反应分析的显式有限元法[J].岩土工程学报,2001(02):178-182.

[124] 何正嘉,陈雪峰.小波有限元理论研究与工程应用的进展[J].机械工程学报,2005(03):1-11.

[125] 谢丽萍,曾建潮.受拟态物理学启发的全局优化算法[J].系统工程理论与实践,2010,30(12):2276-2282.

[126] 谢丽萍,曾建潮.面向群机器人目标搜索的拟态物理学方法[J].模式识别与人工智能,2009,22(04):647-652.

[127] 李鹏,徐伟娜,周泽远,等.基于改进万有引力搜索算法的微网优化运行[J].中国电机工程学报,2014,34(19):3073-3079.

[128] HE R,WANG Y J,WANG Q.An improved particle swarm optimization based on self-adaptive escape velocity [J].Journal of Software,2005,16(12):2036-2044

[129] 周新宇,胡建成,吴艳林,等.基于适应度分组的多策略人工蜂群算法[J].模式识别与人工智能,2022,35(08):688-700.

[130] 谢丽萍.基于拟态物理学的全局优化算法设计及性能分析[D].兰州:兰州理工大学,2010.

[131] 杨迦迪,赵斌,武兵,等.变排量非对称轴向柱塞泵控制性能分析[J].液压与气动,2021(02):42-49.

[132] 黄家海,贺伟,郝惠敏.变排量非对称轴向柱塞泵控制特性分析[J].农业机械学报,2019,50(3):368-376.

[133] 贺伟.变排量非对称轴向柱塞泵特性研究[D].太原:太原理工大学,2019.

[134] 王慧,符鹏,王超,等.阀控变量泵系统动态特性及抗干扰特性分析[J].控制工程,2021,28(08):1588-1597.

[135] 吴斌,柏艳红,宋亦静,等.泵阀并联驱动液压缸抗干扰控制器设计[J].

机床与液压,2021,49(12):158-161+165.

[136] 刘金琨.滑模变结构控制 MATLAB 仿真第三版[M].北京:清华大学出版社,2015.

[137] 韩京清.自抗扰控制器及其应用[J].控制与决策,1998,13(1):19-23.

[138] 武利强,林浩,韩京清.跟踪微分器滤波性能研究[J].系统仿真学报,2004.16(4):651-653.

[139] 刘金琨,先进 PID 控制 Matlab 仿真[M].4 版.北京:电子工业出版社,2016.

[140] 焦志全,杨雷,杨帼华,等.SimulationX 二次开发及其在空气压缩系统中的应用[J].上海工程技术大学学报,2018,32(04):341-345.

[141] 黎文勇,王书翰,Obenaus C.基于 SimulationX 的斜盘柱塞泵的模拟仿真[J].液压气动与密封,2010,30(08):32-36.

[142] 王敏,王晓虎,张满栋.三位四通方向阀仿真平台的设计与应用[J].机床与液压,2018,46(08):58-61.

[143] 丁兆驿.位移流量反馈型比例方向阀智能控制方法研究[D].太原:太原理工大学,2022.

[144] 马浩,陈龙胜,王琦.航空涡扇发动机多变量滑模抗干扰控制[J].南昌航空大学学报(自然科学版),2022,36(04):7-13.

[145] 闫宏亮,张嘉楠,龙虎林.基于改进滑模趋近律和非线性干扰观测器的 PMSM 位置跟踪[J].电子测量技术,2022,45(13):104-108.